아무도 모르는 동물들의 별난 이야기

OMOSHIROSUGIRU DOUBUTSUKI

© 2008 TATSUO SANEYOSHI

Originally published in Japan in 2008 by SOFTBANK Creative Corp.

Korean translation rights arranged through TOHAN CORPORATION, TOKYO.,

and ACCESS KOREA, SEOUL.

아무도 모르는 동물들의 별난 이야기

사네요시 타츠오 지음

신 숙 감수

김은진 옮김

BooksHill
이치사이언스

옮긴이 머리말

　동물에 관한 책들은 서점에도 많이 나와있지만, 저자의 정서가 느껴지는 책은 찾기 어렵습니다. 그런데 이 책에는 동물들과 직접 호흡해본 저자 선생님의 경험 속에서 우러나오는 동물에 대한 애정이 느껴집니다. 단순히 동물 사전의 느낌을 넘어서 동물 일기라는 느낌이 있는 독특한 책이라고 생각합니다. 또한 모든 동물 분류를 총망라한 동물들의 특성을 다룬 책이기도 하지요.

　멧돼지의 목덜미에 있는 방패 같은 가죽이나, 엄마 캥거루의 아기주머니 같은 것은 눈여겨 보지 못한 것들이어서 흥미로웠습니다. 새들이 생각보다 영리하고 다양한 재주를 가진 것을 알 수 있었고, 앞다리밖에 없는 사이렌이나 육지로 올라와 돌아다니는 물고기 아나바스, 몸의 반이 잘려 없어진 것같이 이상하게 생긴 개복치 같은 동물에 관한 이야기는 이제까지는 잘 알려지지 않아 참 신기했습니다. 본문의 그림도 사실적으로 묘사되어 있어 자꾸만 들춰보게 되는 것 같습니다.

　인류는 자신들이 자연과 우주의 중심이라고 생각하며 지내왔지만 사실은 자연의 아주 미미한 한 부분임을 느끼게 됩니다. 이 책을 읽고 나니 더욱 그랬습니다.

　어쩌면 동물들에게는 인류보다 더 섬세하고 풍부한 감수성과 지혜가 있는지도 모르겠습니다.

마지막으로 이번 동물들에 호기심 어린 눈빛으로 교정지를 훔쳐봐 주고 그림을 함께 감상한 초등학교 6학년 아들에게 고마움을 전합니다.

2009년 12월

옮긴이

머리말

인도네시아의 코모도 섬. 땅바닥에 바짝 엎드려 조심조심 기어서 코모도 도마뱀에게 다가갔다. 닭 한 마리를 방금 먹어치운 코모도도마뱀은 느릿느릿 내 쪽으로 접근해왔다. 혀를 내두르는 소리가 들려왔다. 눈 앞, 60센티미터만큼 다가올 때까지도 그것이 나를 공격하기 위한 행동이라는 것을 알지 못했다.

브라질의 목장에서, 울타리가 둘러쳐진 곳 안쪽에서 돌아다니다, 따로 가둬 놓았던 암소 한 마리가 젖꼭지를 흔들며 자세를 낮추어 나에게 다가오는 것을 보았다. 암소가 온순하다는 것은 거짓말인 것 같다. 사실 암소는 무서운 면이 있다.

젊었을 때 일하던 요코하마의 노게야마^{野毛山} 동물원에 있던 코끼리, '코돌이'는 내가 손을 들어 "코돌아!"라고 부르면, 코를 높이높이 쳐들어 "오-우-"하고 대답을 하는 말귀를 알아 듣는 코끼리였다. 퇴직하고 7년 후, 브라질에서 돌아와 우리 안의 코끼리에게 관람객들 속에 파묻혀 "코돌아!"라며 손을 들어부르자, 코돌이는 코를 번쩍 들어 올려 또 한 번 "오-우-"하고 인사를 해 주었다. 코끼리는 정말 기억력이 좋은 동물이다.

소년 시절, 시즈오카^{静岡} 현 어느 산의 작은 벼랑 아래에서, 나는 운좋게 갈로와벌레가 죽은 것을 발견하였다. 너무 기뻐서 만나는 사람들마다에게 알려주었는데, 누구도 그것이 경이로운 희귀충이라는 것을 알아주지 않았다.

산길의 상공을 수백 미터나 날아갔다 돌아오는 왕잠자리를 잡아보려 수십 번 그물을 둘러쳐놓아도 잡을 수 없었는데, 어느 순간, 점프를 해서 마구잡이로 휘두른 잠자리채 안에 바스락바스락 날개소리가 들려서 깜짝 놀랐다. 옳거니 잡았다! 고 생각한 순간, 나는 그 주변을 뛰어다니며 미친 듯이 좋아한 적도 있다. 아무도 보는 사람은 없었지만.

아마존에서는, 낮은 나뭇가지에 벌새 둥지의 잔해가 있는 것을 발견하고 갑자기 드는 생각에 그 아래에 있는 나무뿌리 쪽으로 다가갔다. 볼을 땅바닥에 붙여 한쪽 눈으로 자세히 들여다보았더니 나무뿌리 사이로 몰래 숨어 있던 타란툴라*Lycosa tarantula*의 여러 개의 눈 중 하나가, 나를 노려보았던 적도 있다.

아프리카의 국립공원에서 처음 야영을 했던 날 밤, 마른 나뭇가지를 찾고 있는데, 눈 앞 10미터 정도 되는 곳에, 기린 한 마리가 우두커니 서 있었다. 나와 기린 사이에는 아무 일도 일어나지 않았지만 동물원에서 동물들을 보살피는 데 익숙해져 있는데도, 나는 태어나서 처음으로 기린과 마주했다는 기분이 들었다.

남아프리카 포트엘리자베스 동킨 메모리엄의 어느 공원에서, 꽃에 나가사키호랑나비*Papilio memnon*와 아주 닮은 나비가 앉아서는 꿀을 빨아먹고 있는 것을 보았다. 나는 나비를 잡을 만한 어떤 도구도 들고 있지 않는데, 한참 관찰을 하고 있는 동안 아무래도 참을 수가 없어, 20분 거리나 되는 항구에 정박 중인 배를 향해 쏜살같이 달려갔다.

이런 '채집욕'이라고도 해야 할 집착은 어디서부터 오는 것일까. 50세를 넘기고도 노리쿠라다케乘鞍岳에서 공작나비를 발견했을 때도, 그 미칠 듯한 열정이 불꽃처럼 타올랐다.

나는 동물 탐구에 모든 인생을 걸어왔다. 물론 그것에만 매달리고 오로지 그것뿐인 인간도 아닐 테지만 되돌아보면 동물한테서 관심이 멀어진 적은 단 한 번도 없었던 것 같다. 연구하는 자세를 잃지 않으면, 자연 과학을 '신앙'처럼 받드는 일만이 반드시 가장 정확한 인식의 방법은 아니라는 것을 알 수 있다.

해저의 신비라든지 미지의 우주만이 과학은 아닌 것이다. 우리들은 아직, 철새가 왜 시베리아로만 가는지, 가죽이 두꺼운 짐승들 중 왜 코끼리의 정소만 몸 안에 있는지, 늑대가 어떤 수단으로 사냥을 준비하는지도 알지 못한다. 지식은 늘어나고 발견은 계속된다. 이것이 진보인지 또한 모든 진보가 좋은 것인지는 모르겠으나 나는 나이를 먹으면서도 동물에 대한 새로운 사실을 알 때마다 가슴이 뛴다.

축적된 지식이나 정보를 전달하는 것은 나의 의무이자, 개인적으로는 무엇보다 큰 즐거움이다. 그 일환으로 누구에게나 쉽고 재미있으며, 동물에 대한 정보를 제공하자 이 책을 썼다. 아무쪼록 많은 독자들이 흥미롭게 이 책을 읽어 주기를 바란다.

2007년 동짓달 상순
사네요시 타츠오

차례

제3장 파충류 · 양서류 편

제1장
포유류 편

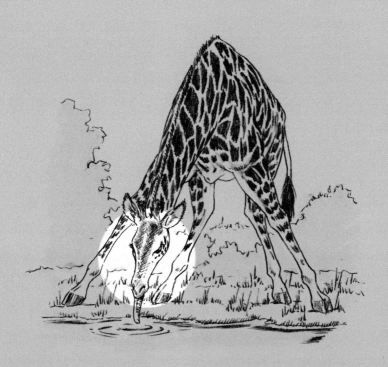

기린은 목을 올렸다 내릴 때
왜 현기증이 나지 않을까?

　기린의 몸높이는 5미터 이상이 된다. 물을 마시려면 5미터 아래 지면으로 머리를 숙여야 한다. 그런데도 왜 고혈압으로 쓰러지지 않을까? 그 비밀은 바로, 기린의 뇌 속 기부基部에 있는 '괴망wonder net'이라는 소동맥의 집합체에 있었다. 기린이 지상에 고여 있는 물을 향해 기다란 다리를 벌려 머리를 뚝 떨어뜨리면, 11킬로그램 이상이나 되는 심장으로부터 혈액이 뇌를 향해 확 쏠리게 된다. 우리의 상식대로라면 격한 혈류로 뇌의 혈관이 터져나가 기린은 그 자리에서 쓰러져버릴 것이다! 그렇지만 괴망이 새빨갛고 힘찬 혈류를 받아내 많은 소동맥들이 확장되어 일시적으로 혈압을 떨어뜨리고 뇌가 파열되는 것으로부터 보호해주는 것이다. 이상은 동맥에 관한 이야기였다.

　한편, 정맥에는 3군데에 걸쳐 판막이 있어 그것, 그러니까 '밸브'를 잠가, 혈액이 머리 부분을 향해 역류하는 것을 막아준다. 이렇게 정맥 중의 혈압이 올라가면 괴망 안의 혈압도 높아지고 동맥의 혈압에 대응해 균형을 맞춘다. 기린이 원래 상태로 머리를 획 들어 올리면, 3개의 판은 열리고 혈액은 무사히 강력한 심장으로 되돌아간다.

　기린이 아무리 머리를 올렸다 내렸다 하더라도 이 작용이 반복되기 때문에 머리가 어질어질 하거나 눈이 빙빙 돌지 않고 무사한 것이다. 이러한 동작을 반복해도 혈액의 흐름이 순조롭게 조절되고 있어서 동료나 사자와 같은 외부의 적에 대해 한 순간도 경계심을 잃지 않고 대처할 수 있는 것이다. 만약 현기증을 느낀다면 기린은 결코 안전하지 못할 것이다.

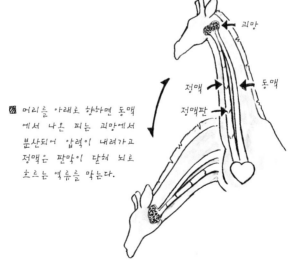

괴망

정맥 동맥

정맥판

머리를 아래로 향하면 동맥
에서 나온 피는 괴망에서
분산되어 압력이 내려가고
정맥은 판막이 닫혀 뇌로
오르는 역류를 막는다.

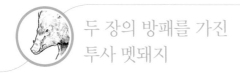

두 장의 방패를 가진
투사 멧돼지

멧돼지에게는 위아래 송곳니 ^{상아} 같은 확실한 무기가 있다. 그렇지만 그 것 말고도 방어용 방패를 그야말로 몸에 지니고 있다. 특히 멧돼지는 수컷 끼리 암컷을 두고 다툴 때, 이빨보다는 몸을 서로 부딪쳐 싸운다. 그러한 싸움을 할 때는 상대를 죽일 필요까지는 없다. 한쪽이 패배를 인정하고 도 망가면 뒤를 쫓아가지 않는 습성이 몸에 배어 있다.

그렇게 암컷 쟁탈전에 사용되는 것이 바로 '칼칸^{중세 기병의 방어 도구로 소형의 둥근 방패}'이다. 칼칸은 멧돼지의 목 뒷부분으로부터 어깨와 가슴 양쪽에 불 룩하게 솟아나있는 두터운 피부를 말한다. 이 부분은 연골이나 돌기처럼 단단하며 두께가 무려 4센티미터나 된다. 칼은 물론이고 도끼로 찢으려고 해도 잘 찢어지지 않을 정도로 튼튼하다^{V.N. 쉬니트니코흐, 〈대륙의 야생 동물〉}. 총탄 을 맞는대도, 만약 직각으로 명중시킨다면 관통할지는 모르겠지만, 비스듬 히 맞는다면 튕겨 나오고 만다.

이 때문에 멧돼지를 '두 장의 방패를 가진 투사 같다'고 말한다. 암컷에 게는 피부가 그다지 발달되어 있지 않고, 젊은 수컷 멧돼지도 칼칸은 아직 얇은 편이다. 그것은 점차 성장과 실전을 거듭하면서 단련되어 두터워진 다. 하지만 곁에서 봤을 때는 특별히 자라는 것이 눈에 보이지는 않고, 털 도 수북이 돋아나 있어서인지 눈에는 잘 띄지 않는다. 이 부분을 서로 부딪 쳐, 이빨로 공격 당해도 칼칸으로 다 막아내기 때문에 다 자란 수컷은 교미 기가 되면 칼칸이 상처투성이로 얼룩진다. 칼칸은 기린 같은 동물에게도 있다.

이 부분이 칼칸

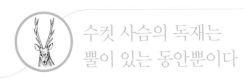

수컷 사슴의 독재는
뿔이 있는 동안뿐이다

　사슴의 수컷은 매우 자주 경쟁자와 싸우고 그 싸움에서 살아남은 놈만이 많은 암컷들을 거느리고 무리를 형성하는 일부다처주의이다. 무리를 거느릴 때 수컷은 암컷들에 대해 매우 거만하게 굴며, 암컷들이 다른 수컷과 접촉이라도 할라치면 불타는 질투심을 감당하지 못한다.

　그런 수컷의 독재권의 행사는 모두 머리 위에 높다랗게 장식된 뿔 덕분이다. 우두머리에 오르는 개체는, 그 뿔의 힘으로 경쟁자들을 물리치고, 그 이후에도 무리의 미녀들을 위협하는 놈이 있다면 격퇴해버리는 것이다. 암컷들이 조금이라도 그에게 복종하지 않으면 심지어 그 뿔로 들이받으며 지배해왔다. 그런데 독재자로 있을 수 있는 것은 1년 중 고작 2~3개월, 대략 6월부터 9월쯤까지에 지나지 않는다. 예측할 수 없는 임기의 지배자인 것이다.

　9월도 말쯤에 접어들면, 자랑이던 뿔도 시들어가기 시작하다 10월로 넘어가면 뿔이 붙어있던 부분에 박리층이 생기고 마침내 부러져서 떨어져 나가버린다. 때로는 하나만 남아 어딘지 엉성한 경우도 있다. 결국에는 그것마저도 없어진다. 이것을 사슴의 낙각^{떨어지는 뿔}이라고 하는데, 왕관처럼 수려한 뿔을 잃어버린 수컷은 뿔이 났던 자리밖에 없는 '대머리 사슴'이 되어 그리 봐줄만한 꼴은 아니다.

　그렇게 되면 암컷들이 다시 권력을 되찾고, 수컷들의 말에 콧방귀만 낄 뿐 결국에는 무리의 주변으로 밀려나는 신세가 되어버린다. 사람도 여자가 언제나 온순하다고만 생각하면 큰 오산이다.

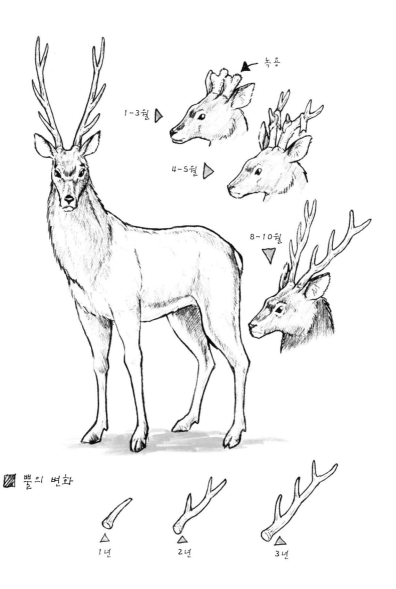

녹용

1-3월

4-5월

8-10월

뿔의 변화

1년

2년

3년

암사슴들은 어미 사슴이나 연장인 개체가 더 우월해 암컷들 사이에서도 순위 다툼이 있고 징벌 제도도 있어, 반항하거나 나이 많은 개체의 뜻을 거역하면 물어뜯기거나 앞다리로 걷어차이기도 한다. 때로는 암컷끼리 몸을 곧추세우고 격렬하게 앞다리로 치고받는 경우도 있다. 이것은 오히려 동물원에서 자주 볼 수 있다.

사슴 사회는 수컷 독재라는 말은 당치도 않다. 사실은 전형적인 모계 사회인 것이다. 무엇보다 어미가 존경받고 아주머님과 누님이 상위에 있는 사회인 것이다.

사슴 사회의 주체가 아닌 수사슴. 그들은 해마다 11월, 12월, 1월, 2월경까지 참고 기다리지 않으면 안 된다. 뿔 없는 대머리끼리는 다음 해 번식기까지 얌전히 잠자코 있어야 한다. 뿔은 1월쯤부터 다시 돋아나기 시작한다. 뿔이 있던 자리에서 둥글게 싹이 나는 것처럼 자라나 3월경까지 녹각枝角도 갈라져 나오고 뿔이 만들어지기 시작한다. 그러나 모양이 완전히 완성될 때까지는 뿔이라기보다는 윤기 있는 미세한 털에 포함된 끝이 둥근 뿔 비슷한 것처럼 보이는데 이 시기의 뿔을 녹용袋角이라고 한다. 아직 유연함이 있어 만약 상처가 나면 출혈도 생긴다. 봄에 사슴을 사육하는 공원에 가도 끝이 날렵한 뿔을 가진 사슴이 없는 것은 바로 그 때문이다.

이윽고 4-5월에 걸쳐 겉껍질이 벗겨져 나가고 드디어 끝이 예리한 훌륭한 '사슴뿔'이 된다. 이 시기, 수사슴의 정소에는 정자가 증식하고 완성기에는 그 수도 절정에 달한다. 그전까지 연말연시의 수사슴의 정소는 속 빈 강정이나 다름없는 것이다. 8월쯤이 그들의 전성기이며 동시에 '성적 투쟁기性爭期'이다. 사슴의 뿔은 이렇게 순수하게 성적인 상징이지 늑대와 싸우기 위해 존재하는 물건은 아니었던 것이다.

사실 돼지는
진짜 무서운 동물이다?

멧돼지에 대해 '두 장의 방패를 가진 투사 같다'고 말한 사람은 러시아의 생물학자 V.N. 쉬니트니코흐이다. 쉬니트니코흐는 늑대에 대해서도 그렇게 말하고 있으며, 물론 늑대 무리가 양이나 개나 돼지를 포식한다고 한다.

그런데 늑대는 돼지를 결코 단독으로 습격하지는 않는다고도 한다. 왜냐하면, 늑대에게 잡힌 돼지의 비명 소리를 들은 다른 돼지들이 뛰어들어 늑대에게 격렬한 공격을 퍼붓기 때문이다.

남미의 퓨마도 가끔 돼지를 포식하는 경우가 있다. 그런데 사랑스런 퓨마 리모와의 생활기《대초원의 리모》를 쓴 스탠리 브로크 Stanley Brock 는, 젊은 퓨마 리모가 커다란 수돼지가 널려있는 곳에 주의 깊게 접근했던 때의 일을 다음과 같이 이야기하고 있다.

리모가 돼지를 향해 살금살금 다가가는데도 돼지는 모른 척 하며 코로 땅을 파고 있었다. 이윽고 리모가 거의 닿을 정도로 다가갔을 때 돼지는 쿵쿵 콧바람을 내뿜으며 리모에게 달려들었다. 리모는 펄쩍 뛰어 물러서고 큰 돼지가 성큼성큼 쫓아오자 급기야 나무 위로 휙 뛰어올라 아슬아슬하게 몸을 피했다고 한다.

이런 일이 있으니 우리 인간도 돼지를 결코 멍청한 동물로 취급해서는 안 된다. 브로크가 있던 목장에서 돼지는 음식을 훔쳐 먹는 것 말고도 닭을 잡아먹고 새끼 양을 물어뜯어놓는다. 만약 어미 소가 지키고 있지 않았다면 송아지까지 죽여 잡아먹었을 테니 알고 보면 위험한 맹수인 것이다.

'실제, 소를 습격하는 돼지 때문에 골머리를 앓는 목장은 상당수가 된다.

그런 돼지가 출몰하는 곳에서는 소나 양이나 모두 돼지에게 쫓겨 도망을 다닌다. 이렇게 되어서는 돼지를 가두어놓고 기르든가 죽이는 수밖에 없다.'

이런 말을 하면 이 세상에는 멧돼지의 자손이 있지 않느냐고 농담 반 콧방귀를 뀌는 사람들도 있을 것이다. 그럼에도 불구하고 돼지는 가축으로서의 역사가 매우 긴데 중세의 한 기록에는 소름이 오싹 끼칠 사실이 나와 있다.

1456년 말, 프랑스 부르고뉴 지방의 한 마을 사뷔니에서 장 마르땅이라는 다섯 살 난 남자 아이가 새끼 돼지 몇 마리에게 나무 열매를 주고 있었다. 얼마 후 등에 강렬한 충격이 가해지고 소년은 그 무엇인가에 들이받혔다. 다름 아닌 어미 돼지였던 것이다. 돼지는 아이를 짓밟아 살점을 물어뜯고 손발을 토막내기 시작했다. 비명 소리를 듣고 몰려든 농민들이 본 것은 새빨간 고깃덩어리를 입에 넣고 우그적 우그적 씹고 있는 암돼지와 새끼 돼지, 그리고 이미 사체가 되어버린 아이의 모습이었다.

결국 이 암돼지는 '정식 재판'에 회부되어 바비큐형으로 서서히 죽어갔다고 한다.

이러한 참극이 벌어진 기록이 12-18세기에 걸쳐 프랑스에서만 95건이나 되었다고 하는데, 그렇다고는 해도 믿기 어려운 기록이다. 사람들은 매우 위험한 맹수를 바로 가까이에서 기르고 있었던 것이다. 아무래도 돼지의 '본성'이 두려워해야 존재라는 점만은 기억해 두는 편이 좋겠다.

뒤쪽에서 다가온 퓨마 리오를 향해 큰 돼지는
갑자기 육중한 몸을 돌려 콧방귀를 거세게 내뿜으며
달려들었다. 리오는 펄쩍 뛰어 도망쳤다.

인도코뿔소에게는
뿔 말고도 덧니가 한 쌍 더 있다!

인도에는 온몸에 갑옷을 걸친 것 같은 피부 돌기에 두꺼운 뿔 한 쌍을 가진 인도코뿔소 *Rhinoceros unicornis* 가 있다. 이 뿔은 암수 모두에게 있고 때로 길이가 60센티미터를 넘는 경우도 있다. 타마동물원에는 최근까지 매우 장수한 수컷 인도코뿔소, '타마왕'이 있었는데 그 뿔을 본 사람들은 하나같이 '과연 훌륭한 뿔인데, 너무 두꺼워서 끝이 뭉뚝하다. 저래서 무기로 쓸모가 있을까?' 하고 생각했을 것이다.

이 의문은 사실 옳았다. 인도코뿔소 수컷들은 이 뿔을 서로 부딪쳐 '암컷 쟁탈전'을 벌이지만 그것으로 상대를 죽이기는커녕 중상을 입힌 적도 없다. '서열을 정하기 위한 의식화된 싸움'일 뿐이므로 뿔 끝이 날카로워야 할 이유가 없다. 상대가 목표로 한 암컷과 교미하는 것을 단념하고 도망가게만 하면 그것으로 끝이다.

상대가 수컷 코뿔소 뿔의 위용에 두려움을 느껴 처음부터 투쟁을 포기하게 할 수만 있다면 더욱 평화적인 것으로, 사실 코뿔소 뿔이 그렇게 훌륭하고 위협적인 것은 실전을 피하기 위한 효과를 내려고 발달했다는 것이 가장 새로운 해석이었다.

허나, 아무래도 상대를 죽일 만큼은 손해를 끼치지 않아 이쪽의 목숨이 위태로운 경우가 발생했을 때는 어떻게 할까? 혹은 새끼를 가진 암컷이 호랑이나 인간 밀렵꾼의 목표물이 되었을 때는 어떻게 해야 할까?

만에 하나의 경우를 위해 인도코뿔소는 아래턱에 무시무시한 비밀 병기를 장착하고 있었다. 인도코뿔소는 진짜 공격을 해야 할 때는 바로 이것을

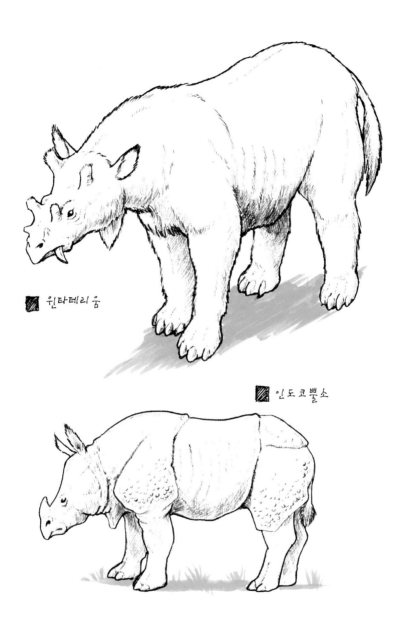

윈타테리움

인도코뿔소

이용한다.

　　새끼를 동반한 암컷은 성격이 예민해 아래턱의 송곳니로 공격해온다. '그 이빨의 일격은 말의 배를 갈라 찢을 만큼 강력하다'고 사전에도 명기되어 있다. 코뿔소과의 동물은 일반적으로 앞니와 송곳니가 퇴화된 경향이 있어 이것은 보기 드문 현상이다.

　　인도의 고전설화에는 코뿔소는 좀처럼 등장하지 않지만, 그 중에 '슈카사프타티 앵무70화' 라고 하는 매우 재미난 이야기가 있다. 이야기 중에 "술라타순다리여, 그대 주인의 수명은 오늘 코뿔소의 어금니에 물려 끝이 날 것이다"라며 도루가 여신이 명을 내리는 대목이 있었다. 코뿔소의 어금니 원어는 간단타 말이다. 인도코뿔소에 어금니가 있는 것을 고대 인도인들은 정확히 알고 있었던 것이다. 아래턱의 송곳니니까 '어금니'라고 부를 수밖에 없다.

　　옛부터 "뿔이 있는 짐승에게 어금니는 없고, 어금니가 있는 짐승에는 뿔이 없다"고 말해 왔는데 그것은 틀렸다. 에오세 약 5,500~3,370만 년 전의 거대야수, 윈타테리움 지금은 멸종한 원시적인 대형 유제류의 하나. 북아메리카의 에오세 중기와 후기 육상 퇴적층에서 화석으로 발견, 오늘날의 코뿔소 만했으며, 그 당시에는 가장 큰 동물에게는 커다란 어금니 외에 6개나 되는 뿔이 있었다. 이것은 인도코뿔소의 끝이 둔한 뿔처럼 예리하지 않은 뿔로, 이것을 이용해 서로 부딪치는 것이다. 상대 수컷, 즉 경쟁자에게 치명상이 아닌 타박상밖에 줄 수 없다. 경쟁자의 기를 꺾고, 가능하다면 서로 부딪치는 일조차 피해, 상대에게도 자손을 남길 기회를 주겠다는 취지이다. 그렇게 해서 윈타테리움도 인도코뿔소도 그것과는 별개로 용도가 전혀 다른 진짜 필살 무기를 갖고 있었던 것이다.

하마는 서식환경에 따라 다른 영향을 끼친다

아프리카의 마사이 암보세리 국립공원에서 하마 무리를 관찰하고 있을 때, 쇠망치 같은 머리를 한 새 한 마리가 물 위로 몸의 절반만 드러내고 있는 하마 주변에 내려앉는 것을 보았다.

그것은 망치머리새 *Scopus umbretta*라는 황새에 가까운 종류의 새였다. 망치머리새는 하마 목 주변의 주름 사이를 찔러대 기생충을 쪼아내고 있는 것 같았다.

하마에게 해오라기나 찌르레기가 모여들어 거머리 같은 기생충을 잡아먹는다는 이야기는 잘 알려져 있다. 하지만 물고기나 개구리 등을 먹는다고 되어 있는 망치머리새도, 이렇듯 하마한테서 먹거리를 얻고 있었던 것이다. 하마들은 새들에게 찔리거나 이용당해도 전혀 상관하지 않는다.

또한 물 속에서 몸을 반만 내밀고 있는 것처럼 있을 때, 하마의 피부에 바브와 같은 잉어과의 물고기가 하나둘 모여들어 그 피부를 쪽쪽 빨아대고 있는 것이 보이는데, 이들도 하마의 이용자이며 수익자이다.

그밖에 하마는 자신이 먹는 풀에 일정한 취향이 있어, 살고 있는 강 근처 풀이 입에 맞지 않으면, 수 킬로미터나 멀리까지 나가 맛있는 풀을 찾아먹는다. 이 때문에 하마한테 선택받지 못한 풀은 항상 무성하다. 따라서 그 풀을 좋아하는 영양류 등 초식동물은 그것에 의해 생활을 충분히 보장받기도 한다.

나아가 하마는 초지를 왕래하면서 곳곳에 똥을 누는데, 이 똥이 하마의 영역을 나타내며 그 토지를 비옥하게 한다.

하천 안에서 하마는 수로를 열고, 배설물과 분비물로 영양이 풍부한 물을 만들고, 수초를 무성하게 해 바브뿐 아니라 어류부터 다른 많은 수생 곤충들에게 혜택을 주고 있다.

하마는 이렇게 자신이 서식하는 환경에 좋은 영향을 끼치며 산다. 그것은 다른 거대 초식동물, 가령 코끼리에게서도 같은 모습을 볼 수 있다.

최근 어떤 자의 음모인지는 모르겠지만, '하마는 난폭하다'는 소문이 나돌고 있다. 하마는 아프리카에서 제일 강하지 않느냐고 한다면, 어떤 면에서는 그럴지도 모른다. 그러나 하마가 상대를 불문하고 인간에게도 달려든다든가, 카누를 뒤집어 파괴한다든가 한다는 것이다.

그것은 우선, 하마 중에서도 홀아비로 통하는 이상개체의 행동만이 강조된 경우이다. 또한 발정기가 되면 수컷 하마는 평소 때보다 거칠어진다. 카누를 부순다는 이야기는 19세기 리빙스턴 시대부터 전해오고 있는 오래된 전설이다. 그런 일이 만약 일어났다고 한다면 그것은 수컷 하마였거나, 반드시 그 근처에 새끼 하마가 있었을 것이다.

만약 내가 강가에 서 있었고, 저쪽에서 달려온 하마에게 갑자기 습격당했다고 해도 그것은 내가 나빴기 때문이다. 초지에서 삶의 터전인 강으로 돌아오려던 하마는, 내가 자신의 영역 앞을 가로막고 서있는 적으로밖에 여길 수 없었을 테니.

야생동물은 대개 그 생태 중 어떤 면을 과장함으로써 사랑스런 동물역도 악역도 맡을 수 있다. 그러한 편협한 정보에 대해 객관성을 유지하기란 매우 어려운 것이다.

망치머리새는 때때로 하마 몸
위에 머물러 기생충을 먹고 있
었다. 그 때문에 몸이 따끔따
끔 찔려도 하마는 전혀 상관하
지 않았다.

031

염소는 느닷없이 일어서서 뿔을 흔들어댄다

그때는 나도 정말 놀랐다. 중학생 때였던가, 시즈오카의 어느 농가 뒷문 쪽에 줄을 지어 서 있던 염소 때문이었다. 내가 염소 뿔을 붙잡고 위협하려고 하다가 제대로 붙잡지 못하고 놓쳐버렸는데, 염소가 갑자기 앞발을 들고 일어서서 상체를 비틀어 내 쪽을 돌아다보면서 뿔을 부르르 흔들며 뛰어들었던 것이다. 다행히 그 무렵 나는 동물과 자주 접촉해 어느 정도는 친숙한 터라 자빠지거나 비명을 지르지는 않았다. 잽싸게 몸을 홱 돌려 피하기는 했지만 속으로는 기겁했다. 염소가 갑자기 미친 것 같다는 생각이 들었다.

나중에 유럽의 번역서 몇 권을 읽고서 그쪽 나라에서는 염소가 사탄의 모습이었거나 마녀나 요술사와 관계가 깊은 것으로 여겨지고 있다는 사실을 알았다. 그런 미신도 뿔로 공격할 때 벌떡 일어난다는 것에 대한 놀라움에서 생겨난 것이 아닐까 생각되었다. 그리고 우리나라의 어느 염소도, 가령 자넨종 세계적으로 널리 사육되며 체중이 유용종 중 가장 큰 품종의 하나처럼 뿔이 없는 염소라도 가끔 갑자기 느닷없이 일어서서 머리로 들이받는 습성은 드물지 않다는 것도 알았다.

그것은 산양이라는 글자를 보면 알 수 있듯이, 원래 가파른 산지에 사는 동물이었던 염소들이 바위 위나 벼랑 같은 데에서 수컷끼리 싸워왔던 행동의 흔적이라고 생각된다. 그렇게 위험한 곳에서는 일어서서 균형을 잡은 채로 몸을 비틀고 구부려 상체를 반대 방향으로 내동댕이쳐서 도움닫기를 대신한다. 그것 말고 효과적인 전술은 더 이상 없었던 것이다.

① 몸을 일으켜

② 몸을 비틀고

③ 힘을 실어 돌진!

이렇듯 이상한 방법으로 공격을 하는 것은 염소가 원래 산악 동물로, 그림처럼 발을 디디기 힘든 암석 위 같은 데에서 싸울 때의 기술이 남아있기 때문이다.

033

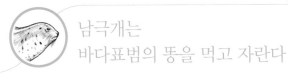

남극개는
바다표범의 똥을 먹고 자란다

강치 *Zalophus californianus* 나 바다코끼리 *Odobenus rosmarus* 의 뒷발은 앞쪽을 향해 구부러지지만 바다표범의 뒷발은 꼬리지느러미처럼 뒤쪽으로 향해있다. 그래서 강치들은 네 발로 몸을 지탱하고 배를 땅바닥으로부터 들어 올려 걸을 수 있지만, 바다표범 *Phoca vitulina* 은 뒷발을 뒤로 쭉 뻗은 채 앞발만으로 몸을 지탱하여 등을 들고 배를 질질 끌며 앞발을 뒤로 숨기고 스멀스멀 앞으로 나간다.

통통 튀는 듯한 호핑 *hopping* 으로 밖에 전진할 수 없는 것은 바다표범이 강치나 바다코끼리보다 수중생활에 완전히 적응하고 있다는 증거이다. 얼음 위에서 바다표범은 뭍으로 올라간 물고기 같다고 보면 된다. 따라서 그리 빨리는 달리지 못한다.

그런데 참깨점박이 바다표범 *Phoca largha* 의 새끼를 비롯해 둥근 얼굴에 커다랗고 귀여운 눈 때문에 바다표범은 매우 온순한 동물로 여겨지고 있다.

하지만 바다표범의 이빨은 순수한 육식동물의 이빨처럼 날카로우며 그 중에는 레오퍼드바다표범 *Hydrurga leptonyx* 같은 맹수도 있다. 보통 남극 썰매 개들이 바다표범의 새끼를 포식해 살아남았다는 말은 거짓말이다.

사실은 개들이 새끼를 지키면서 한 무리를 이루어 얼음 구멍 주변에 머물고 있는 바다표범의 똥에 다가갔었던 것이다. 바다표범 어미도 개와 같은 것들에게 호락호락 새끼를 내줄 겁쟁이들이 아니다.

강치 (해려)

강치는 앞발로 물을
가른다. 뒷발은 키 역할

바다표범

바다표범은 뒷발로 물을 가른다.
앞발은 사용하지 않는다.

1970년경 미국의 한 과학자는 흰긴수염고래 *Balaenoptera musculus*는 적어도 50년은 산다고 말했다. 그런데 같은 시기 일본의 고래류에 관한 전문서에는 흰긴수염고래는 수명이 90년에서 100년이라고 쓰여 있다. 같은 책에 향유고래 *Physeter catodon*도 70년 이상은 산다고 되어 있다.

그들의 나이는 과연 어떻게 알 수 있을까? 고래의 귀는 머리 양쪽에 있는 경우는 있지만 흔적뿐이어서 연필을 집어넣을 수 있을 정도 크기의 구멍에 지나지 않는다. 게다가 그 기능은 수압을 느끼는 일종의 심도측정계로서 작용을 한다. 그런 정도인데 어떻게 클릭소리나 바크 같은 미세한 음성이나, 노랫소리까지 들릴까? 이것도 동물의 신비로 손꼽히고 있다.

귀지에 나이테가 새겨져 있다는 사실이 발견되면서 이것으로 고래의 나이를 판정한다. 귀지를 세로로 절단해 보면 밝은 층과 어두운 층이 교대로 나타난다. 이것은 먹이를 많이 먹는 여름엔 지방분이 많이 쌓여 밝은 색 층을 이루고, 먹이를 잘 먹지 않는 겨울에는 지방분이 적게 쌓여 어두운 색 층을 이루게 된다고 한다. 이 선들을 세어 고래의 나이를 알 수 있는 것이다.

한편 고래의 나이를 조사한 표본은 병사나 사고사^{흔히 해안에 부딪쳐 죽음}를 당한 것들이다. 살아서 관찰 표본으로 삼거나 천수를 누려 평안하게 자연사한 고래는 좀처럼 손에 넣을 수 없다. 그리고 보면 고래의 수명이라고는 하나 그것은 추정에 불과한 것으로 어쩌면 백 년, 백 몇 년의 장수를 누리는지도 모르겠다.

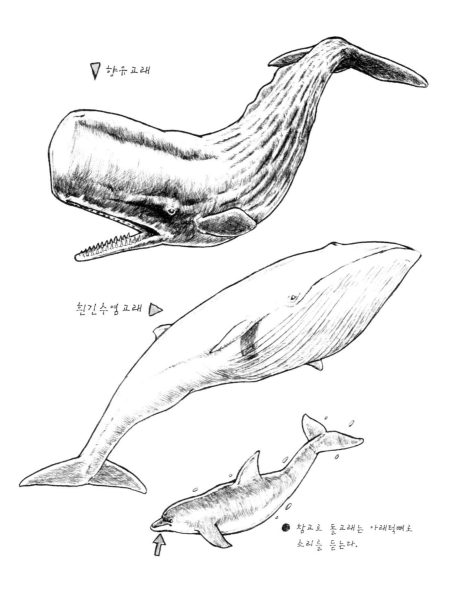

향유 고래

흰긴수염고래 ▷

● 참고로 돌고래는 아래턱뼈로
소리를 듣는다.

새끼 캥거루는 엄마 뱃속 주머니에서
어떤 자세로 앉아있을까?

새끼 캥거루는 어미의 뱃속 주머니^{육아낭} 안에서 자라, 6개월 정도면 주머니 밖으로 나오게 된다. 그 다음부터는 주머니를 들락날락 하며 밖에서는 풀을 먹고 주머니 안에서는 모유를 먹으며 유아기를 보낸다. 그러다 인간이나 개 등이 나타나 깜짝 놀라기라도 하면 곧바로 주머니 안으로 뛰어들어 숨어버린다.

이상한 것은 그것을 맞아들이는 어미 캥거루 쪽인데, 어미는 주머니의 입구를 직접 열어주지 않는다. 새끼가 혼자서 들어가기 쉽도록 주머니의 입구가 열리는 것 같다.

그리고 새끼는 바로 정면에서 거꾸로 주머니 안으로 굴러들어가듯이 들어간다. 고개를 수그리고 몸을 웅크리면서 들어가, 주머니 입구에서 고개를 빙글 돌려 내미는 것이다. 일단, 고개가 위아래 거꾸로 되어 나와 있는 경우도 있다. 즉, 주머니에서 고개를 내밀고 있는 아기 캥거루는 주머니 바깥쪽에 등을 대고 몸을 웅크린 채 고개만 뒤를 돌아보고 있는 모습인 것이다. 가끔은 꼬리나 뒷다리 끝이 고개와 함께 주머니 밖으로 삐져나오는 적도 있다. 그래서 우리가 흔히 보는 주머니의 테두리에 양손을 걸치고 앞을 향해 고개를 내밀고 있는 그림은 잘못된 것이다.

이렇게 주머니에서 들락날락 하는 사이 어미가 주머니 안으로 들여보내주지는 않는다. 새끼는 대략 생후 8개월이 지나면 일찍 독립하는 것을 학습하지 않으면 안 된다. 어미에게도 엄연히 '개인생활'이라는 것이 있으니까.

새끼 캥거루는 이런 포즈로 몸
은 뒤를 보고 고개는 앞을 보
는 것처럼 내밀고 있기 때문에,

흔히 동화책이나 만화에 있는 것처럼 주머니 입구에 양손을 걸치고
고개를 내미는 것은 불가능하다. 무엇보다 주머니 입구는 복주머니
처럼 꽉 조여져 있지 셔츠 주머니처럼 벌어져 있는 것은 아니다.

원숭이의 볼 주머니에는
사과가 두 개 들어간다

일본원숭이의 입 양쪽에는 볼 주머니라는 부분이 있다. 평소에는 쏙 들어가 있어서 어디가 볼 주머니인지 알 수가 없다. 일본원숭이는 음식물을 먹을 때 그것을 활용한다. 우선 과일이나 고구마 종류를 크게 대충 씹어 좌우의 볼 주머니에 잠시 저장한다. 그제야 주머니는 불룩하게 부풀어 올라 좌우로 늘어지듯이 튀어나오게 되므로 비로소 그 존재를 알 수 있게 된다.

일본원숭이는 그렇게 몹시 서둘러 음식물을 입 안에 저장한 뒤, 서로 음식물을 빼앗아 먹는 동료로부터 떨어져 동료 원숭이들한테서 빼앗길 염려가 없는 곳으로 가서 손가락으로 볼 주머니를 눌러 음식물 조각을 조금씩 꺼내 천천히 잘 씹어 삼키는 것이다. 볼 주머니는 이렇듯 어디까지나 일시적으로 음식물을 비축해두고 나르기 위한 기관인 것이다.

일본원숭이는 매우 잘 발달된 무리 사회를 이루고 있어 어쩌면 향후 100년, 200년 사이에는 변화할 것 같지 않을 만큼 사회적으로 성숙하다. 단, 개체 간의 경쟁이 매우 심해 나무 열매 하나라도 눈 깜박할 사이에 빼앗겨 버린다. 따라서 쟁탈전을 가능한 한 피하기 위해 각자 이러한 기관을 갖게 된 것 같다.

볼 주머니는 그밖에도 게잡이원숭이*Macaca fascicularis*나 붉은털원숭이*Macaca mulatta*에게도 있어, 엉덩이혹과 함께 마카쿠속屬 원숭이의 특징으로 꼽히고 있다. 《서유기》의 손오공이 중국산 붉은털원숭이인 것은 이 볼 주머니 갖고 있다고 기록되어 있는 것에서도 알 수 있다. 다람쥐나 햄스터도 볼 주머니와 비슷한 것이 있어 먹이를 양쪽 뺨 안에 채워 넣고 자기 집으로 가져간다.

이 안에는 사과가
한개씩 들어갈 정도로
부푼다.

그 때문에 양쪽 뺨은 이렇게 부푼다.

다람쥐는 나무열매를 이렇게 볼 주머니
부분에 채워 넣어 자기 집으로 가져간다.

041

나뭇가지를 들고
물을 건너는 고릴라 발견

뜻밖이라는 생각도 들지만 유인원_{고릴라, 침팬지, 오랑우탄, 긴팔원숭이}은 대개 물과 친하지 않는 것처럼 보인다. 오랑우탄은 얕은 물 정도에서 걸어 다니는 것이 고작이고, 침팬지의 경우는 어른이라도 물에 빠져 허우적대는 사례가 있다. 침팬지는 그렇게 지능이 높은데 수영을 못하겠느냐는 말도 돈다.

고릴라는 몸집은 크지만 물에 뜰 수 있을 것처럼 보이는데, 외국의 어느 동물원에서는 고릴라가 풀장에 빠져 거의 발버둥도 쳐보지 못하고 가라앉아 익사해버린 일도 있었다. 그러나 고릴라 정도에 이르면 개성차가 상당히 있어, 우에노上野 동물원의 롤랜드고릴라*Gorilla gorilla gorilla*는 얕은 풀장에서 물놀이를 하는 것을 기억해 결국에는 훌륭한 배영실력으로 헤엄쳐 나왔다는 뉴스도 있었다.

야생에도 그러한 수영선수가 있는지 눈씻고 찾아보니, 2005년 10월 29일에 독일의 연구팀이 미국의 과학지 〈플로스 바이올로지*PLoS Biology*〉 전자판에 올린 '강을 건너는 고릴라' 사진이 있었다. 숲 속, 사람의 허리까지 차는 강물 속에, 한 암컷 고릴라가 뒷다리로 서서 게다가 오른손에 지팡이 하나를 들고, 물의 깊이를 재가면서 첨벙첨벙 앞으로 나아가고 있었다. 그 자태는 인간과 너무나 닮았다고밖에 할 수 없다.

이리하여 고릴라도 훌륭하게 '도구를 사용한다'는 것, 물을 건너 이동할 수 있다는 사실이 밝혀졌다. 그러나 '헤엄칠 수 있다'거나 하는 것은 아직 알 수 없다. 그 정도가 지금 단계의 추측이다.

고릴라는 이렇듯 지팡이까지 사용해 강을 건너는 놈도 있다는 것을
알았다. 나아가 최근, 롤랜드고릴라 중에는 얕은 물을 슥슥 가르며
장난까지 치면서 건너는 놈이 있다는 것도 알았다.

긴털침팬지는 보통 침팬지와 다른 사회를 형성하고 있다

미국 샌디에이고 동물원에서 긴털침팬지 *Pan troglodytes schweinfurthii* 몇 마리를 보았다. 긴털침팬지는 보통 침팬지 성성이과, 꼬리가 없고 사람과 비슷한 영장류보다 작아 몸길이가 80센티미터 정도이다. 털은 검고 얼굴도 새까맣지만, 비교적 온순하고 영리한 것 같다. 긴털침팬지와 침팬지, 고릴라 등은 아프리카 유인원으로 분류된다.

오랫동안 긴털침팬지의 생태는 명확하지 않았다. 보통 침팬지보다 지능이 높은지 어떤지도 토론이 엇갈려왔고, 보통 침팬지와는 목소리가 조금 다르다든가 보통 침팬지와 대략 비슷한 생태일 거라는 식으로 말해왔다.

2000년 초반 무렵, 드디어 긴털침팬지에 대한 약간의 정보를 손에 넣게 되었다.

정보에 의하면 긴털침팬지는 비교적 여기저기에 흩어져 동일 지역콩고 강의 왼쪽 연안에 살고 있다고 해도 개체 간의 결속은 느슨한 편이다. 그들 사이에 엄격한 서열은 보이지 않고 '종 평등'적이라고 한다. 암수 모두 파트너를 맺지만, 어느 쪽도 선택의 자유가 있다. 한 마리의 연장자 혹은 강력한 수컷이 거만하게 구는 경우도 없고, 어느 수컷에게나 배우자가 있다. 일부다처도 아니며 암수 사이도 평등에 가깝다는 것이다. 이러한 점들에서는 보통 침팬지보다 긴털침팬지 쪽이 오히려 문화적으로 앞서 있는 것처럼 보인다.

보노보 ▷
침팬지속에 속하는 두 종 중 하나.
피그미챔팬지, 긴털침팬지라고도
한다.

◼ 긴털이라고 해도 머리털이 길지
몸털은 오히려 침팬지보다 짧다.

◁ 침팬지

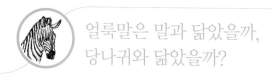

얼룩말은 말과 닮았을까,
당나귀와 닮았을까?

2007년 5월초, 바보 같기도 넌센스 같기도 한 어리석은 사건이 중국에서 뉴스로 보도되었다. 북경 교외의 쓰징산石景山 유원지에서 키티라든가 도라에몽이 돌아다니는가 하면, 거기다 보통의 하얀 말에 얼룩무늬를 그려 넣어 얼룩말이라고 칭하는 말이 사람들을 태우고 돈을 받는다고 한다. 이름하여, 중국의 '디즈니 캐릭터 들치기' 유원지 문제.

뭐라 해야 할지 참으로 저급한 사건으로 '웃음도 나오지 않는다' 는 말은 이럴 때 하는 말이 아닌가 싶다. 모 방송사가 그 '인공 얼룩말' 의 사진을 들고 와 그것이 말인지 얼룩말인지 감정의뢰를 해왔다. 내가 "이건 '말' 이에요"라고 대답한 것은 두말할 필요도 없다.

나는 말과 얼룩말의 차이 따위에는 관심도 없는 사람들도 너무 잘 구별할 수 있는 점으로서 우선 그 길게 늘어진 갈기를 지적했다. 얼룩말의 갈기는 잘 다듬어놓은 헤어스타일처럼 귀 사이도 빳빳이 서 있다.

계속해서 꼬리 전체가 털로 덮여 있는 점을 들었다. 얼룩말의 꼬리는 막대 모양으로 그 끝에 수술 모양의 털이 달려 있다. 일반 시청자를 대표하는 TV 프로듀서는 그 두 가지 점에서 수긍했다.

하지만 얼룩말은 꼬리와 갈기 모양에서, 말보다는 당나귀와 비슷하다. 당나귀의 갈기도 짧고 막대 모양의 꼬리 끝에는 털이 달려 있는 것이다. 귀가 긴 것도 당나귀의 특징 중 하나인데, 얼룩말도 그렇다. 새하얀 당나귀라는 것은 없겠지만, 만약 있다면 들치기 유원지에서는 그 하얀 당나귀에게 얼룩무늬로 칠을 하는 쪽이, 더 둔갑하기 쉬울지도 모른다.

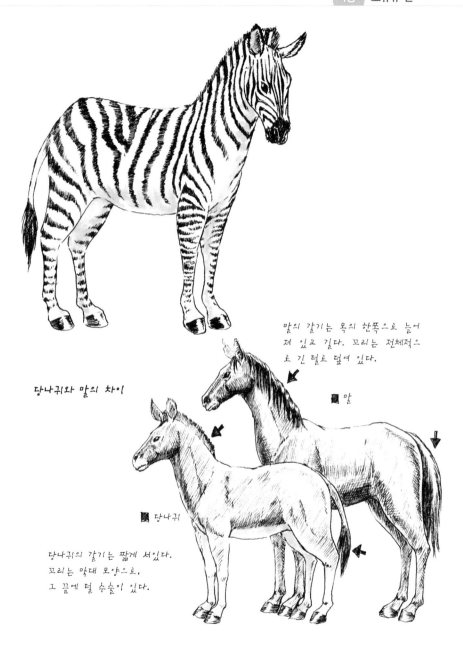

당나귀와 말의 차이

말의 갈기는 목의 한쪽으로 늘어져 있고 길다. 꼬리는 전체적으로 긴 털로 덮여 있다.

말

당나귀

당나귀의 갈기는 짧게 서있다.
꼬리는 막대 모양으로,
그 끝에 털 수술이 있다.

코끼리 상아 안에는
무엇이 들어있을까?

젊은 시절에 살았던 1960년대 브라질에서 상영되던 영화에는 동물 보호 관점에서의 규제가 조금도 없었다.

그 때 내가 본 실사 영화에서도 아프리카코끼리와 수렵가가 정면 대결하는 장면이 있었다. 수렵가의 총이 발사음과 함께 화약가루를 내뿜으면, 아프리카코끼리의 앞 이마 부분에서 푸슝! 하고 깨진 조각 같은 것이 사방으로 흩어지는 모습이 생생하게 방영되는 것이다. 코끼리는 순간 휘청하더니 천천히 쓰러져간다. 동물 보호에 몸을 담고 있는 사람이 보면 졸도하거나 눈물을 흘릴 장면이었다.

탄환이 명중한 직후에는 피는 거의 나오지 않았지만, 영화의 바로 다음 장면은 완전히 피바다였다. 이미 가죽이 벗겨진 코끼리가 해체되어감에 따라, 그 가죽 안에 피가 자박자박 고여 있었던 것이다. 가죽의 표면은 기분이 나쁠 정도로 하얗게 변해 있었다.

이윽고 사람의 손이 코끼리 상아의 뿌리 부분을 칼인지 드라이버인지 이상한 기구로 후벼 파는 모습이 비춰졌다. 코끼리의 상아가 뿌리 부분부터 쑥 빠져나온다. 그러자 그 상아 안에서 살구색의 치밀하고 섬세한 윤기가 도는 상아와 똑같은 모양을 한 것이 빠져나왔다.

코끼리의 상아 안에는 그런 것이 들어 있었던 것이다. 그것은 치수齒髓라는 것으로, 그 안에서 상아질의 주성분이 분비되어, 안쪽에서 상아를 만들고 보충하고 성장시키고 있었던 것이다. 그래서 밑에서 보면 상아는 빈 통으로 보이지만, 끝 쪽 3분의 1 이상이 섞인 것 없이 깨끗하다.

코끼리의 상아는 평생 계속 자란다.

상아로서 취급될 때는 이렇게 빈 통처럼 보이지만,

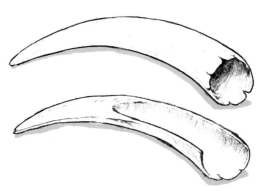

붙어있는 부분에서 떼었을 때는 이 부분에 살구색의 치수
가 있었던 것이다. 그것이 상아를 성장시키는 것이다.

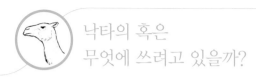

낙타의 혹은
무엇에 쓰려고 있을까?

오늘날 '낙타의 혹 안에는 물이 들어있다'고 믿고 있는 사람은 없으리라. 그런데 아직 그런 사람이 있긴 하다. 게다가 학교 선생님들이 말이다.

요즘도 동물원에서 아이들을 인솔하는 선생님이 낙타를 가리키며 그렇게 설명하고 있는 것을 목격했다. 순간, "여보세요, 선생님! 할아버지한테 어릴 적에 들으셨던 것을 그대로 아이들한테 들려주시는 건가요? 그건 곤란하지요." 라고 말하고 싶어졌다.

낙타의 혹에는 지방이 채워져 있다. 물론 그것은 거칠고 메마른 사막생활에서 영양을 보급하기 위해서이다. 그것은 두말할 것도 없지만 그것 말고 중요한 용도가 아직 더 있다.

첫째, 그것은 차양햇빛 가리개으로서의 역할을 한다. 혹 위는 특별히 털이 깊어 이 털과 혹이라는 커다란 지방 덩어리로 열이 전달되는 것을 막아주고 있다. 그런 한편, 몸의 아래 반 정도부터는 체열을 쉽게 방사할 수 있게 한다. 만약 혹이 없고 피하 지방이 온몸에 퍼져있으면 오히려 체열을 방사하는 것을 방해해서 혈액 순환 장애를 일으키기 쉽다.

둘째, 수분 절약에 도움이 된다. 낙타는 그리 땀을 흘리지 않으며 콧물조차 목구멍으로 돌려 마시고, 오줌은 진하고 양이 적다. 식물에서 수분을 취하는 것이 고작이고, 동절기에는 물을 굳이 마시지 않아도 아무렇지도 않는 등 수분 절약의 능력을 갖추고 있다. 아무래도 청결하지 못한 녀석이어서 다루기 어려운 가축으로 여겨지긴 한다.

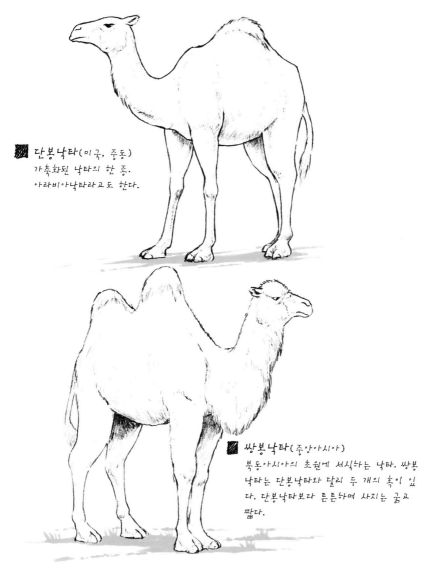

■ **단봉낙타**(미국, 중동)
가축화된 낙타의 한 종.
아라비아낙타라고도 한다.

■ **쌍봉낙타**(중앙아시아)
북동아시아의 초원에 서식하는 낙타. 쌍봉
낙타는 단봉낙타와 달리 두 개의 혹이 있
다. 단봉낙타보다 튼튼하며 사지는 굵고
짧다.

단봉낙타 쪽이 쌍봉낙타보다 크고, 체력이 강하다. 단봉낙타를 탈 때는
혹의 뒤에 올라타야 한다. 사육 하에서 단봉낙타와 쌍봉낙타 사이에 새
끼가 태어나는 경우도 있다.

제 2 장
조류 편

30센티미터나 되는 뱀도
죽여 매달아놓는 잔인한 때까치

때까치 *Lanius bucephalus*는 참새과에 속하는 작은 새이지만, 매와 같은 포식 습성을 갖고 있다. 특히 옛날부터 잘 알려진 행동으로 도마뱀이나 메뚜기 등을 붙잡아 탱자나무 가시나 철조망에 끼워 걸어두는 기괴한 습성이 있다는 것이다. 이것을 '때까치의 상납'이라고 한다. 그중에는 길이 30센티미터나 되는 뱀의 목덜미를 나뭇가지에 꿰어, 달랑달랑 매달아 놓는 겁없는 녀석도 있고, 수조 안에서 도망쳐 나온 새빨간 금붕어를 처형한 예도 있다.

때까치는 '여름의 풍물시'로, 여름 아침에 높은 나무 위에서, 삐츠- 삐츠- 하고 운다. 무대나 TV 드라마에서도 이 울음소리를 사용하면 절호의 효과음이 된다. 이 소리나 상납행동은 시가에서도 종종 읊어지고 있다.

그럼에도 불구하고 이 작은 새는 형태에 있어서 '맹금화'되어 있어, '시력이 매우 예리하다', '다리와 발가락은 강하고 크다', '발톱이 날카롭게 구부러져 있다', '부리 끝도 강하고 갈고랑이 모양이다', '부리의 뿌리부분에 부리털嘴毛이 발달되어 있다'는 포식 적응 현상을 보이고 있다. 정말 작은 맹금인데, 가끔 다른 작은 새의 목을 물어뜯는 일조차 있어 어찌 보면 매보다도 사납다고 할 수 있다.

때까치류는 제주직박구리나 잎새와는 인연이 깊지만 매 종류와는 아무 상관관계도 없다. 그 무시무시한 공격성도 어쩌면 메뚜기 같은 곤충을 먹는 것으로 시작되어 발달한 2차적인 진화라고 보여지고, 때까치의 상납도 이윽고 다가올 계절에 대비해 식량을 저장해두는 것으로 여겨진다.

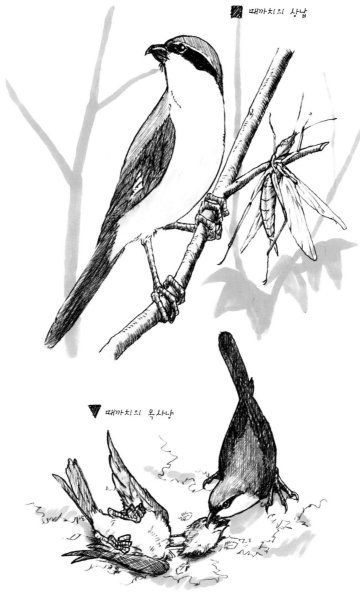

■ 때까치의 상납

▼ 때까치의 목사냥

사냥에서 잡아 죽인 작은 새의 목을 물어 찢는다.
이유는 알 수 없다.

종다리의
감쪽같은 속임수에 두 손 들다

종다리*Alauda arvensis*는 지상에 둥지를 틀고 하늘 높이 날아올라 삐-찌르르, 삐-찌르르 하고 목청 높게 운다. 올려다봐도 모습이 보이지 않을 정도로 높이 날아 울기 때문에 한자로는 구름참새라고 부르며, 옛날 동요에서도 '삐-치쿠 삐-치쿠 종다리는 오른다. 하늘 끝까지 올라간다'라는 가사로 불리기도 했다. 지상에 있는 둥지를 발견해 노리는 적이 있으면 종다리는 둥지를 튀어나와 쓰러지거나 날개를 파드닥거려 몸부림치며 바동거리는 시늉을 한다. 아무리보아도 부상당한 것 같아, 금방 붙잡을 수 있을 것처럼 보여서 고양이나 개, 사람이라도 그대로 유인을 당해 쫓아가느라 바쁘다. 둥지가 있는 곳은 잊어버리는 것이다. 종다리는 멀리까지 적을 유인해내는 데 성공하면 휙 날아올라 도망가 버린다.

둥지 근처까지 적이 다가오는 경우는 좀처럼 없다. 있다고 한다면 외부에서 둥지로 돌아왔을 때가 위험하다. 그래서 종다리는 둥지 근처에 내려앉는 어리석은 행동은 절대 하지 않는다. 훨씬 앞쪽 지면에 내려앉은 다음, 그림자나 수풀 같은 데 몸을 숨겨가며 사뿐사뿐 달려가 둥지로 돌아간다.

이렇듯 상처 입은 시늉을 하여 적을 유인해내는 속임수는 마찬가지로 지상에 둥지를 만드는 힝둥새*Anthus hodgsoni*라는 작은 새도 하고 있다. 알이나 새끼를 노리는 사자나 자칼 등을 이런 방법으로 속이는 것이다. 타조도 암수 모두 이 속임수를 알고 있다. 종다리, 힝둥새 같은 작은 새나 타조는, 전혀 다르기는 하지만 모두 지상에 둥지를 틀고 알을 품기 때문에 적에게 공격당하기 쉽다는 공통점이 있다.

🏷 둥지에서 떨어진 장소에 착륙해
    지상을 걸어서 둥지로 돌아간다.

여러 남편한테 육아를 맡기는
수퍼부인의 행각

세가락메추라기 *Turnix tanki* 는 메추라기의 일종이 아니라 두루미목의 새이다. 그러나 겉모습은 메추라기 형태다. 다른 점은, 암컷이 수컷보다 더 크고 아름답고 화려하고, 수컷은 작고 수수하고 그리 아름다운 편은 아니어서 보통의 조류와는 거꾸로 된 것이다. 왜냐하면 세가락메추라기 수컷들은, 암컷을 대신해 알을 따뜻하게 데우고, 새끼를 기르지 않으면 안 되기 때문이다. 그러한 일은 크거나 화려해서는 적의 눈에 금방 띄게 되므로 소심하고 수수하고 눈에 잘 띄지 않는 쪽이 유리하다.

그래서 이 거꾸로 된 새의 암컷은 번식기에 접어들면 큰 소리로 울어 수컷들을 불러들인다. 잔뜩 구애소리를 내어 수컷들을 매료시키고 우선 그중 한 마리를 고른다. 암수가 풀뿌리 등에 움푹한 곳을 만들어 풀이나 낙엽으로 둥지를 만든다. 거기에 세가락메추라기 부인은 4개의 알을 낳는다. 보통 부부 같은 행동은 거기까지다. 이후, 그녀는 첫 번째 남편에게 둥지를 맡겨 알을 품게 하고 육아까지 도맡아 하게 한다. 그렇게 두고 부인은 두 번째 남편을 유혹하고 또 세 번째, 네 번째를 차례차례 데리고와 하나의 둥지, 4개의 알을 각각에게 주어 나머지 전부를 맡아 기르게 하는 것이다. 그중에는 처음 2, 3일은 암컷도 돕는 경우도 있지만, 거의 남편 몫이고 세가락메추라기 부인은 그 밖에는 아무것도 하지 않고 몸을 치장하느라 바쁘다.

수컷들은 그런 어미 역할을 떠맡는 대신에 알이 부화되는 12-13일, 새끼가 날 수 있게 될 때까지 2주, 어른 새가 될 때까지 6-7주까지만 새끼를 돌보기 때문에 노동 시간은 매우 짧다.

암컷 ▶   수컷 ▶

화려하고 몸집이 큰 부인은 수수하고 자그
마한 남편들에게 육아를 맡기고 외출한다.
육아 기간이 짧은 것이 그나마 다행이다.

금이야 옥이야 새끼를 돌보는
아빠 무덤새

무덤새 *Megapodius freycinet*에는 10종류가 있는데 전부가 알을 흙이나 낙엽으로 쌓아올린 무덤 안에 채워 부화시킨다. 무덤새가 만드는 무덤 중 최대의 것은 지름이 10미터 50센티미터, 높이는 4미터 50센티미터나 된다. 그중 어떤 것은 태양열을 이용하고, 또 어떤 것은 온천지대에 쌓아 지열을 이용하기도 한다. 자기 몸으로 알을 따뜻하게 하는 것은 아니다.

알을 부화하기 위한 노동은 대부분 어미 새가 아니라 아빠 새가 한다. 부부는 4월경부터 협력해서 깊이 60센티미터−1미터 정도의 구멍을 파고 그 안에 촉촉한 나뭇잎이나 작은 나뭇가지들을 깐다. 이렇게 마련한 산모용 침대가 겨울까지 썩으면서 열을 발생시킨다. 암컷은 거기에 1년에 걸쳐 몇 개의 알을 천천히 낳는다. 알은 달걀만 하고 1년치여서 암컷의 체중의 3배에 달한다. 무덤새 암컷의 일은 거기까지고, 그 후에는 하나부터 열까지 아빠가 할 일이다. 무덤새 수컷은 무덤 옆을 떠나지 않고, 알 위를 모래로 덮어주고, 부리로 찔러보아 온도를 수시로 재어 섭씨 32−36°C가 유지되도록 조절한다. 흙이나 모래를 강력한 발로 좌우로 헤쳐 줄어들게 하거나 쌓아올려 늘리거나 해서 온도를 조절하는 것이다.

여하튼 이 여정은 11개월에 미치는 혹독한 것이다. 그래도 11개월 후면 무덤새 수컷은 한 달의 휴양기가 있다. 이 기간 중에 알은 무사히 부화하고 새끼는 두껍게 쌓인 모래를 혼자 힘으로 밀어 올려 뚫고 나온다. 게다가 새끼 무덤새는, 무덤에서 나온 지 1시간 후면 뛰어다니고 다음 날에는 날기까지 한다.

■ 말리포올

ⓜ '말리(mallee)'란 유칼리 종의 저목을 말하며 이 새가 말레이산이라는 것
은 아니다(이 새는 호주산).
말리가 무성하게 자란 나무숲 속에서 살고 있어서 이런 이름이 생겼다.

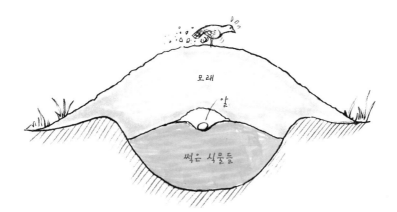

모래

알

썩은 식물들

아슬아슬하게 벼랑을 건너는
샤모아를 노리는 눈

히말라야에서 남아프리카에 이르기 까지 넓은 범위의 암석산에는 수염
수리 *Gypaetus barbatus*가 산다. 부리가 시작되는 부분에 수염 같은 검은 털이 나
있어서 수염수리라는 이름이 생겼다. 길이가 90센티미터는 됨직한 날개를
펄럭거려 알프스에서는 도망칠 곳도 없는 절벽의 암석길을 건너가는 샤모
아*Rupicapra rupicapra*를 몰아댄다. 무시무시한 활공 공격으로 날개나 다리를 이
용해 깎아지른 듯한 절벽으로부터 때려 떨어뜨리는 것이다. 이 말을 들으
면 등산 중인 어린 소년 같은 '사람'이 습격당하는 모험소설에나 나올 법
한 장면을 떠올리는 독자도 있을 것이다. 유럽에서 '독수리에게 습격당한
이야기'라면 대개 이 수염수리가 주인공이지만 수염수리는 평소에는 오히
려 약해보이거나 부상당한 사냥감을 노린다. 발톱이나 부리는 예리하지는
않다. 만약 암석산 속에서 쓰러져 있는 야생염소 등을 발견해도 우선 근처
에 내려앉아 죽었는지 아닌지를 잘 확인하고 나서 다가간다고 한다.

사실 수염수리는 부채머리수리라든가 잔점배무늬독수리, 왕관독수리,
원숭이잡이독수리 등과 같은 사나운 '진짜 독수리매류'도 아니고 참수리,
검독수리, 흰꼬리수리, 흰머리독수리 같은 제1급 '새의 왕'도 아니다. 그
저 '독수리류'로 이집트독수리, 주름얼굴수리 같이 죽은 동물의 고기를 먹
는 일족인 것이다. 독수리 종류는 하나같이 직접 사냥감을 죽이거나 하지
않기 때문에 부리나 발톱은 둔한 편이다. 그러나 수염수리는 독수리 중에
서도 예외적인 존재이며, 잔점배무늬독수리나 원숭이잡이독수리 같은 '사
나운 독수리'의 공격법을 보여주는 포식자이다.

깎아지른 위험한 절벽을 건너고 있는 샤모아를 맹습하는 수염수리

아프리카타조와 아메리카타조 중
어느 것이 일부다처제일까?

아메리카타조 *Rhea americana* 는 남미 중부의 소위 팜파스지대에 분포한다. 아메리카타조의 수컷은 교배기에 들어가자마자 수컷끼리 빈번하게 싸움을 일으키고, 예닐곱 마리의 수컷 사이를 뛰어다니며 정신없게 하고는 고개를 들어 목구멍주머니를 부풀려 저음을 낸다.

이러한 성적 의식에 앞서 수컷은 물가의 자기구역 안에, 쌓아놓은 풀로 얕은 둥지를 만든다. 뭔가 은밀한 장소를 만들어두는 경우도 있다. 여하튼 매우 성실하다. 둥지가 완성되면 수컷은 허리에 있는 얼룩날개를 과시하면서 암컷을 그곳으로 유혹한다. 암컷은 둥지 안에 2, 3일마다 알을 낳고 결국에는 10-18개나 알을 낳는다. 가끔은 거기에 다른 암컷도 가세해 알을 보탠다. 수컷은 물론 몇 마리의 암컷이라도, 그 후 계속 찾아와서 둥지에는 30개, 50개가 쌓이는 경우도 있다. 암컷들은 차분하게 있지만 수컷은 알이 많이 모이면 직접 그것을 품기 시작한다. 암컷들에게는 품게 하지도 않을 뿐더러 오히려 밀어내며 '저리 가라, 걸리적거리니 좀 나가라'고 쫓아내 버린다.

하지만 완전히 자기 혼자만 틀어박혀 있는 것은 아니며 암컷들도 수컷한테 밀려나더라도 대개는 멍하니 그 근처에 있다. 30-40일에 걸쳐 알이 새끼가 되면 새끼는 어른 못지않게 되지만 그렇다고 암컷들을 싫어하는 것도 아니어서 무리를 짓게 된다.

그래서 학자 중에는 간단히 아메리카타조의 습성을 '일부다처제의 가족 집단'이라고 말하는 사람도 있다.

아프리카타조 ▷

◁ 아메리카타조

아메리카타조 쪽이 좀 더 작고 목이나 다리도 가느다랗다.
발가락은 아메리카타조는 세 개, 아프리카타조는 두 개

한편 아메리카타조보다 큰 아프리카타조 *Struthio camelus* 의 번식 습성은 어떤가? 아프리카타조도 수컷이 우선 얕은 구덩이를 만들고 그곳으로 암컷 타조들을 하나 둘 데려온다.

한 마리가 6-8개의 알은 낳지만 대부분 하나의 둥지를 '공동으로 사용한다'고 해도 좋을 정도다. 가령, '3마리의 암컷이 18일간, 들락날락하며 산란을 했다'는 관찰 일지도 있었다.

그래서 아프리카타조의 암컷도, 결국에는 합계 30-50알 이상이나 낳을 수 있게 된다. 단 아프리카타조의 수컷은 주로 알을 품지만, 혼자 차지하는 것이 아니라 낮에는 암컷도 함께 품는다고 한다. 그러고 보면 아프리카타조 수컷의 날개털은 검은데, 암컷은 회색이다. 수컷은 밤에 알을 품기 때문에 검게 해서 눈에 잘 띄지 않도록 적응되어 있는지도 모른다.

결국 아프리카타조 쪽이 일부다처풍으로 보인다. 알이 새끼가 되는 것은 아메리카타조와 마찬가지이고 약 40일 걸린다. 이 타조가 새끼나 알을 사자나 자칼의 위험으로부터 벗어나게 하려는 기간은 바로 이 때이다.

대체로 사자나 자칼은 생각 외로 타조의 알이나 새끼를 노리는 놈들이어서 타조 부모는 조금의 틈도 보여서는 안 된다. 그래서 수컷 타조가 나가서 끊임없이 비틀거리거나 날개를 파닥거려서 잘 걷지 못하는 시늉을 해 그들을 새끼들로부터 멀어진 안전한 곳까지 유인해내는 것이다. 유인해내는데 성공하면 속력에 있어서만큼은 누구에게도 뒤지지 않는 타조는 쏜살같이 도망쳐버리는 것이다.

캐리비안의 해적은
조류에도 있다!

TV 취재 때문에 남미 콜롬비아에 갔을 때, 해안에서 마치 '자연계의 공중 쟁탈전!'이라고 해도 좋을 광경을 목격했다.

콜롬비아 자연보호국의 출장소가 있는 므세티 연안지대. 거기에는 검은머리황새*Jabiru mycteria*, 넓적부리홍저어새*Platalea ajaja*, 제비갈매기*Sterna hirundo* 등 다양한 바닷새들이 늪지 숲의 나뭇가지에 머물러 있었다. 하지만 주역은 갈색의 펠리컨인 것처럼 보였다. 그들 중 어느 것은 해면 위 7, 8미터의 지점을 날다가 갑자기 아래쪽 바다로 쑥 뛰어 들어갔다.

기습 사냥은 대체로 훌륭히 이루어져 펠리컨은 부리 아랫주머니로 물을 푹 퍼 올려 걸려든 물고기를 공중으로 낚아 올리는 모양으로 부리를 열고는 물고기를 꿀꺽 삼켜버렸다. 그런데 가끔 쉬거나 무리에서 떨어져 걷도는 펠리컨에게 머리가 검은 갈매기 한 두 마리가 귀찮게 달라붙었다.

그것은 검은머리갈매기*Larus saundersi*라고도 불리는 도둑갈매기였다. 그들은 내가 보고 있는 바로 앞에서 도둑이라는 이름에 딱 어울리는 짓을 증명해보였다. 펠리컨이 물고기를 삼키려고 할 때를 노리고 있다가, 가끔은 펠리컨의 커다란 부리 안으로 자신의 입을 쑥 집어넣어 물고기를 꺼내먹고는 따라와 보란 듯이 하늘 위로 날아올라가 버렸다.

그 녀석은 예외적으로 펠리컨의 사냥감을 훔치는 것이 아니다. 시종 그런 짓을 하고 있는 것이다. 결국 검은머리갈매기는 능란한 해적인 것이다. 그리고 보면 이 바다는 마치 카리브 해의 파이레이츠나 버커니어스로 불리는 해적의 본거지가 아닐까!

나는 펠리컨의 사냥감을 **빼앗아** 시치미를 뚝 떼고 줄행랑을 치는 도둑갈매기를 노려보았다. 그러자 바로 그때 갈매기보다 더 높은 지역에서 날고 있던 거대한 제비 같은 새 그림자가 스윽 하강하며 갈매기를 습격했다. 바로 군함조*Fregata ariel*였다!

이 상공에는 도둑갈매기의 상전노릇을 하려는 뛰는 놈 위에 나는 놈인 해적새가 있었던 것이다. 군함조는 좌우로 도둑갈매기를 공격하더니 마침내 갈매기가 물고기를 떨어뜨리자 보기 좋게 하강해 그 물고기가 해면에 닿기도 전에 낚아챘다. 그 날렵한 모습을 보면 나쁜 녀석이라고 생각할 겨를도 없다.

군함조는 바닷물 위로 뛰어오르는 날치도 잽싸게 낚아채버리기도 하니까 도적질만이 전업은 아니다. 그에 비해 도둑갈매기라는 놈은 보통 갈매기류와는 다른 과로 분류되는 '도적의 한패'다. 큰도둑갈매기*Stercorarius skua*, 도둑갈매기*Stercorarius pomarinus*, 북극도둑갈매기*Stercorarius parasiticus*, 좀도둑갈매기*Stercorarius longicaudus* 등이 그 패거리들에 속한다. 이중 도둑갈매기, 북극도둑갈매기, 좀도둑갈매기 3종류가 모두 머리가 검어서 검은머리갈매기라고도 불렸던 것이다. 무리를 짓지 않고 보통 갈매기보다 빨리 날며 발톱이 강하고 구부러져 있는 것도 도적질하기에 적합하다. 그들은 펭귄의 새끼를 '따라붙어 죽여 **뼈**까지 씹어 먹어 버린다'고 알려져 있고, 섬새 같은 것들을 공격하여 먹고 있는 물고기를 떨어뜨리게 하는 상습범이다. 그래서 내가 본 그 도둑갈매기는 따끔하게 앙갚음을 당한 것이다.

청소년을 위한 철학 입문서
한 입 크기 철학시리즈 전 10권

"제대로 된 독서는 모든 것을 구원한다.
그리고 모든 것에는 자기 자신도 포함된다."

다니엘 페낙 Daniel Pennac

가볍지만 깊이 있는 주제와 그 속에 담긴 철학적 질문들 철학적 사고를 길러 생각의 크기를 키우다

삶의 의미는 무엇일까?
진정한 나는 누구일까?

쉽게 대답할 수 없는 질문들로 가득한 삶에서
답을 찾고자 할 때는 어떻게 해야 할까?
〈한 입 크기 철학 시리즈〉는 청소년들이
철학적 사고를 통해 깨달음을 얻고, 자신을 둘러싼
복잡한 세상을 이해하도록 돕는다.
주어진 삶을 살기만 하는 것이 아니라 삶을 적극적으로
살아나가기 위해 꼭 필요한 철학책이다.

큰도둑갈매기

도둑갈매기 ▷

(엷은 색)

(어두운 색)

● 뿔퍼핀한테서
물고기를 빼앗는 도둑갈매기

프로는
도둑갈매기만이 아니다

수컷 군함조는 번식기가 되면 목주머니를 빨간 풍선처럼 부풀려 암컷들에게 과시한다. 암컷도 마음에 드는 수컷을 선택하고 맹그로브나무 위에 둥지를 트는데, 둥지의 재료를 서로 빼앗기 때문에 둥지를 비울 수가 없다. 눈에는 눈으로, 암컷도 그 쟁탈전에 참가한다. 갈색얼가니새 *Sula leucogaster*, 물수리 *Pandion haliaetus*, 검은등제비갈매기 *Sterna fuscata* 등 다른 물새들이 잡은 먹이를 공중에서 가로챈다.

물수리는 물고기매라고도 불리듯이, 바다 위 또는 포구 위를 낮게 날아 물 속으로 돌입해 물고기를 낚아채는 솜씨좋은 사냥꾼이지만, 종종 군함조 이외의 새에게도 먹이를 빼앗긴다. 도둑갈매기, 바다수리류 등이 약탈자들이다. 흰배바다수리 *Haliaeetus leucogaster*, 아프리카물수리 *Haliaeetus vocifer* 등은 강하고 커서 자신의 힘으로 커다란 사냥감도 잡을 수 있을 텐데, 해안, 호수 연안에서 물수리가 잡은 물고기를 주시한다. 물수리가 물고기를 잡아 날기 시작하면 바다수리는 지켜보고 있던 곳에서 느닷없이 날아올라 물수리에게 달려든다.

검독수리는 이러한 도적에 비하면 스스로 사냥감을 잡는 사냥꾼이라고 생각된다. 그러나 유감스럽게도 검독수리라고 해도 비겁한 짓을 싫어하는 순수한 무사는 아니라 인간 수렵가가 훈련시킨 사냥개가 사냥감을 물어오기를 기다렸다가 위에서 사냥감을 휙 낚아채는 짓도 한다. 분명 이 독수리는 어디를 봐도 개하고는 닮은 데가 없는데 개독수리로 부르는 나라도 있는 것을 보면 이런 행동에서 온 것이 아닐까 생각된다.

상공 저 멀리에 날고 있으면 제
비처럼 보인다.
날 때는 대개 목주머니를 부풀
리지 않는다.

■ 군함조

■ 검독수리

검독수리는 영어로는
'골든 이글'이라는 멋진 이름이 붙어있다.

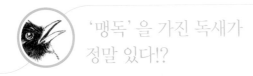

'맹독'을 가진 독새가
정말 있다!?

40-50대의 사람들은 지금도 시대소설이나 수사반장 같은 곳에 자주 나왔던 '맹독'이라는 말을 기억하고 있을 것이다. 맹독은 술잔 테두리에 약간만 발라놓기만 해도 그 잔에 따른 술을 마시면 금세 죽음에 이른다고 한다. 역사상 맹독에 의해 독살되거나 혹은 맹독으로 자살한 유명한 인물도 있다고 한다. 중국의 고서 《비아雅雅》에, 짐鴆이라는 새가 등장하는데, 코뿔소가 사는 열대 태생으로 기러기와 비슷한 모양에 검보라색으로 20센티미터 이상의 부리가 있고, 뱀을 잡아먹는다고 한다.

그 독은 날개, 특히 날갯죽지 부근에 집중되어 있고, 그것을 뽑아 술이나 물에 담가놓기만 해도 액성이 맹독성으로 둔갑한다는 것이다. 나는 이 고서의 기록이 물론 전설에 지나지 않는다고 생각했다. 실존하는 조류를 아무리 조사해 봐도 그런 독을 가진 새는 없었다. 1992년에 이르기까지 나는 그렇게 확신하고 있었다. 그런데 이게 웬일인가! 같은 해 10월 30일 미국의 과학지 〈사이언스Science〉에 의하면, 뉴기니의 삼림에 사는 뉴기니 피토후이pitohui라는 새가 피부나 날개털에 강한 독성이 있다는 것이었다. 까마귀만한 크기로 머리는 검고, 가슴, 배는 주황색인 아름다운 들새인데 호모바트락토신homobatrachtoxine이라는 독소를 갖고 있다고 한다. 이것은 남미산 화살독 개구리의 독과 같은 성분이다. 뉴기니 피토후이의 피부에서 채취한 독성분은 불과 10밀리그램만으로 실험용 쥐래트를 죽일 수 있다고 한다. 이렇게 '세계 최초의 독새'가 발견된 것인데, 과연 이것이 중국의 고서에서 시작해 일본의 소설에도 등장한 '짐새'의 정체일까?

만약 적이 피토후이를 포식하면 중독되어 힘을 못 쓰게 되므로 그 이후
로 같은 종류의 새는 더 이상 먹지 못하게 되는 후유증을 겪는다.
그 때문에 피토후이는 독새라고 여겨진다.

새끼를 우유로 길러서
그렇게 튼튼한가!

4아과 43속 255종이나 되며 어떠한 환경에도 적응한다고 알려진 비둘기과의 새들. 비둘기과 새들이 그만큼 번성한 이유 중 하나는 '우유'로 새끼를 길러내기 때문이다. 많은 비둘기들은 콩이나 풀의 열매 등을 먹는다. 그것이 모이주머니에 저장되어 많은 수분이 더해진다. 비둘기는 물을 정말 잘 마시는 새로 한 모금씩 목구멍으로 흘려 삼키는 것이 아니라 아예 들이마신다. 그렇게 많은 수분을 보급 받으면 모이주머니의 좌우 벽이 두꺼워져 저장된 음식물이 치즈상태의 유미乳糜 성분으로 변화한다.

그 시기는 비둘기의 암수가 밤낮 교대로 알을 품기 시작해 10일 정도 지나고 난 시점부터이다. 알에서 태어난 비둘기의 새끼는 부모의 입 안에 부리를 집어넣고 그 치즈상태의 물질을 찾는다. 부모는 모이주머니 안에서 꺼내기 위해 흔들어 새끼에게 그것을 나누어준다. 이 물질이 피존 밀크이다. 피존 밀크는 수컷 비둘기에게도 생긴다. 즉, 새끼 비둘기는 아빠한테서도 엄마한테서도 우유를 공급받는 것이다. 아빠 비둘기의 피존 밀크 분비는 미묘해서 아빠 비둘기가 배우자인 암컷 비둘기가 '알을 품고 있는 곳을 보고 있는 것만으로 분비된다'고 한다. 반대로 배우자가 바뀌면 피존 밀크의 생산은 줄어드는 것이다.

피존 밀크의 영양분은 풍부해서 주성분은 단백질, 지방, 미네랄, 수분, 아밀라아제, 비타민 A와 B이다. 비둘기 부모는 며칠이나 피존 밀크만으로 새끼를 기르는데, 이윽고 풀의 열매나 콩류를 밀크에 섞어 먹이면 새끼는 한 달 만에 둥지를 떠날 수 있게 된다.

● 비둘기 외에 플라밍고도
새끼에게 밀크(플라밍고 밀크,
브래디 밀크)를 주어 기른다.

아궁이새의 둥지에 숨겨진
기발한 전략

아궁이새, 스윈호오목눈이 *Remiz pendulinus* 라는 이름은 이 작은 새가 풀이나 나뭇잎, 어떤 때는 소똥이나 모래, 흙을 섞어 아궁이 같이 생긴 돔 모양의 둥지를 만드는 것에서 왔다. 그들 둥지는 볕에 말라버리면 모르타르식 벽처럼 견고해져 습기도 통하지 않게 된다.

그 중에서 남미산 줄무치반점이아궁이새 *Furnarius rufus* 는 우선 식물, 진흙, 소똥 등을 반죽해 토대를 만든다. 그런 다음 한가운데에 칸막이벽을 만든다. 마지막으로 그 주변에 둥근 돔 모양으로 외벽을 반죽해 올리면 완성이다. 방이 2개 만들어지는 것이다. 알을 따뜻하게 하고 새끼를 기르는 것은 안쪽 방이다. 그리고 한쪽에 비교적 크게 뚫린 입구를 가진 방은 얼핏 보면 텅 빈 방이다. 육식새나 뱀은 거기까지 들어와 '이건 뭐냐, 텅 비어 있잖아'라고 생각해버린다. 안쪽 방은 안전하다.

스윈호오목눈이는 박새과의 작은 새로 식물섬유를 촘촘히 짜내어 나뭇가지 끝에 크고 작은 2개의 입구가 있는 둥지를 만든다. 그중 크고 휑하니 비어있는 입구 쪽이 속임수여서 뱀이 거기까지 따라와 머리를 들이밀어 봤자 아무도 없다. 뱀은 결국 포기하지 않을 수 없다. 또 하나의 작은 쪽 입구는 아예 닫혀있는데 바깥에서는 거의 알 수가 없다. 그런데 들어가 보면 첫 번째 방보다 넓고, 진짜 새끼를 기르는 방은 여기에 있는 것이다.

그럼 닫혀있는 입구에서는 어떻게 나올까? 입구는 신축성이 탁월한 재료로 만들어져 있어 비집고 나오거나 들어갈 수 있다. 어미 새가 들어가고 나면 입구는 다시 팽팽하게 조여진다.

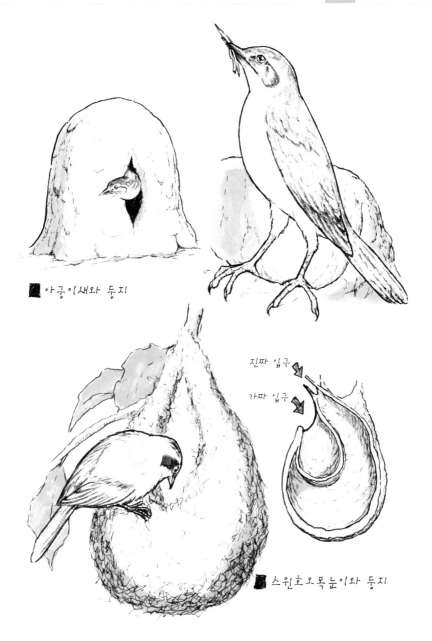

■ 아궁이새와 둥지

진짜 입구
가짜 입구

■ 스윈호오목눈이와 둥지

선인장 가시로
유충을 찔러먹는 작은 새

딱따구리방울새 *Camarhynchus pallidus* 는 갈라파고스 군도에 사는 멧새과의 작은 새이다. 몸은 검고, 부리도 거무스름하고, 크기는 대략 참새 정도이다. 평소에는 딱따구리 흉내를 내며 곤충을 찾아다니면서 나무줄기에 올라가 딱따구리 같은 부리로 나무껍질을 벗겨, 그 속에 있는 벌레를 잡아먹는다. 그런데 그래도 배가 부르지 않을 때는 부리와 다리로 선인장 가시를 꺾어 온다. 나뭇가지를 꺾어온 적도 있다. 그것들이 너무 길면 접어서 짧게 하는 식으로 '도구를 가공하는' 경우도 있다. 그리고 그것을 입에 물고 나무들의 갈라진 틈에 찔러 넣어 그 안에 있는 곤충이나 유충을 꺼내 후벼파 먹는다. 단, 그 선인장 가시나 나뭇가지를 사용하고서 어딘가에 숨겨두고 또 필요해지면 꺼내서 사용하는 지혜가 없어 그때그때 꺾어 와서 사용한다. 이렇게 딱따구리방울새는 '도구를 손에 넣어 가공하고 이용하는 새'이다. 도구를 사용하는 새는 딱따구리방울새 말고는 돌을 이용해 타조 알을 깨뜨리는 이집트독수리, 그리고 베짜는새 정도일 것이다. 딱따구리방울새를 포함한 다윈핀치류는 14종이나 되며 갈라파고스 섬과 코코스 섬에서만 생식하여 둥지를 트는 장소, 둥지의 모양, 알의 색깔, 알을 품는 습성, 우는 소리 등은 공통적이다. 그런데도 부리의 모양이나 식성만큼은 다르다. 일찍이 다윈이 이들 작은 새의 선조는 하나이며 거기서부터 생활 형태의 차이에 의해 개별적으로 발달했을 거라는 '진화'의 착상을 얻었다. 그것으로 다윈핀치류는 유명해진 것이다.

🖊 나뭇가지로 하늘소의 유충을 낚는
뉴칼레도니아까마귀

🖊 가짜 먹이로 물고기를 잡는
검은댕기해오라기

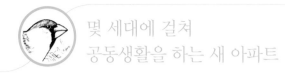

몇 세대에 걸쳐
공동생활을 하는 새 아파트

아프리카 남부에 무리베짜는새*Philetairus socius* 라는 작은 새가 분포하고 있다. 베짜는새과 중에서도 작은 편이며 조잡한 재료로 둥지를 만든다. 하지만 둥지 아래, 혹은 좌우 측면에 여러 개의 출입구를 만들어 둥지 하나로 몇 개의 방을 만든다. 그중 하나에서 산란을 하고 나머지는 휴게실로 사용하는 등 꽤 풍요로운 생활을 하고 있다.

무리베짜는새는 소규모의 둥지를 대규모로 사회화했다. 무리베짜는새는 대집단으로 하나의 나무 위에 둥지를 틀고, 자신의 둥지가 완성되면 그 위에 풀잎을 겹쳐 쌓아가, 이윽고 하나의 지붕이 우산 모양으로 뒤덮인 아파트처럼 만든다. 큰 것은 나무 한 그루를 통째로 점유하여 지름이 6미터, 폭이 9미터, 높이가 1미터 50센티미터나 된다. 아파트식 둥지에는 95세대의 무리베짜는새가 살고 있었다. 게다가 이 작은 새 대단지는 몇 대에 걸쳐 사용되며 심지어 20년의 역사를 가진 것도 있었다.

이러한 집단생활을 하지 않는 베짜는새도 있어 그 중에는 식물섬유나 가끔은 인간의 집에서 훔쳐온 실을 이용해 한 장 또는 두 장의 잎을 엮어 섬세하고 치밀한 둥지를 만들어내는 것들도 있다. 이 때문에 베짜는새는 딱따구리방울새나 이집트독수리에 이어 도구를 사용하는 새로 여겨지는 것이다.

무리베짜는새는 그냥 몰려들어 살고 있는 것이 아니라, 각 개체 간의 연계가 친밀하여 각 개체는 전체를 위해 어떤 일(공동 둥지만들기의 분담 등)을 한다. 일치단결해서 전체의 생존을 꾀하므로 '단체생활을 하는 동물의 전형적인 예'로 자주 인용된다.

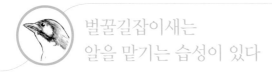

벌꿀길잡이새는
알을 맡기는 습성이 있다

벌꿀길잡이새는 12종 중 10종 정도가 주로 아프리카에 분포하고 일부는 남아시아에 분포하는 새이다. 커봐야 몸길이 20센티미터가 되지 않고 갈색이나 올리브색의 수수한 날개색을 띠고 있다.

벌꿀길잡이새가 눈에 띄는 것은 색채가 아니라 독특한 행동방식이다. 벌꿀길잡이새는 벌꿀오소리나 인간 곁에 날아와서는 시끄럽게 울어대며 날개를 파닥거려 꼬리를 펼쳐 눈길을 끈다. 사람이 다가가면 날아갔다가는 다시 똑같은 행동을 하며 이것을 반복해 400-500미터 떨어진 야생 꿀벌의 둥지로 안내하는 것이다. 야생 꿀벌의 둥지를 발견한 벌꿀오소리 *Mellivora capensis* 나 인간이 그 벌집을 뜯어간 다음, 벌꿀길잡이새는 남은 꿀벌 둥지에서 벌집이나 밀랍을 손에 넣는다. 벌집은 그렇다 치고 밀랍은 보통 동물이 먹을 수 있는 것은 아닌데, 벌꿀길잡이새의 장 속에는 밀랍을 소화하는 박테리아가 공생하고 있다. 물론 꿀벌들에게 쏘이는 것도 경계하지 않으면 안 되지만, 벌꿀길잡이새의 피부는 매우 두텁다. 그런 다음 벌꿀길잡이새는 이 '안내 행동에 의한 음식 채취'를 하지 않을 때는, 꿀벌이든 나나니벌이든 심지어는 말벌도 아무렇지 않게 먹어버리기 때문에, 쏘이는 것에는 만반의 준비를 게을리 하지 않고 있는 것이 틀림없다.

벌꿀길잡이새와 벌꿀오소리는 이러한 까닭으로 공리공생의 친구 관계에 있는 것인데, 조류학자인 알란 페듀시아 *Alan Feduccia* 는 오소리 *Meles meles* 가 야생 꿀벌의 둥지를 건드릴 때, 안내해준 벌꿀길잡이새에게 둥지의 일부를 뜯어준다고 말하고 있다.

벌꿀길잡이새는 안내하려는
몸짓이 화려한 대신에 색채는
수수한 편이다.

벌꿀오소리는 벌꿀길잡이새와는
사이가 좋은데, 다른 생태에서는
꽤 난폭하고 공격적이며, 사육할
때도 다루기 어렵다.

그런데 벌꿀길잡이새가 만든 둥지라는 것을 누구도 본 적은 없다. 사실 이 새는 두견새나 뻐꾸기 등과 마찬가지로 알을 남의 둥지에 맡기는 새이다. 스스로는 둥지를 만들지 못하고 다른 새의 둥지를 노렸다가 자신의 알을 그 둥지에 '기탁'한다. 그리고 그 둥지에서 알이나 새끼를 기르는 새의 암컷을 제멋대로 '대리모'로 삼아, 벌꿀길잡이새의 새끼를 기르게 한다. 정말 뭐라 할 수 없이 얄미운 꾀 많고 뻔뻔스럽기 짝이 없는 범행인데, 원래 위탁란 습성을 가진 새는 어느 새에게 자신의 알이나 새끼를 맡기는가가 대략 정해져 있다. 벌꿀길잡이새의 경우, 그 피해자는 오색조류, 찌르레기류, 딱따구리류로 아무 새한테나 맡기는 것은 아니다.

이러한 범죄가 왜 성공하는가? 첫 번째 그 '대리모'가 왜 자신의 알이나 새끼가 아닌 것을 알아차리지 못하는지 이해가 가지 않지만, 실제로 알아차리지 못한다. 벌꿀길잡이새의 알은 도요새나 딱따구리의 알보다 크다. 그 새끼는 도요새나 딱따구리의 알보다 빨리 부화한다. 그래서 '대리모'들의 진짜 새끼보다 먼저 먹이를 구하는 행동을 한다. 부리를 크게 벌리고 끼이-끼이- 하며 울어대는 것이다. 이러한 눈속임에 대리모들은 그대로 넘어가 버린다.

또 하나, 벌꿀길잡이새의 새끼는 알껍데기를 깨고 부화하기 위한 태내 이빨을 갖고 있다. 다른 새의 새끼들은 이 태내 이빨이 이틀이 안 되어 뚝 떨어지는데 벌꿀길잡이새에 한해서만큼은 그것이 며칠이나 떨어지지 않고, 게다가 뾰족해 날카로운 갈고랑이처럼 되어 있다. 내가 갖고 있는 오래된 동물사전에는 '이것을 사용해 둥지 안의 자기 이외의 새끼를 죽일 것이다'라고 추측해 쓰여 있었다. 그러나 그 후 '범죄조사'가 진행된 것 같고 조류학자 페듀시아는 분명히 '새끼는 석회질의 갈고랑이를 부리 끝에 갖고 있어 이것을 사용해 다른 새끼를 죽이는 것이다'라고 적고 있다.

호아친 *Opisthocomus hoazin* 이라는 새는 꿩 정도의 크기에 얼핏 보면 닭과 닮았다고 한다. 하지만 내가 젊었을 때 딱 한번—딱 한 마리, 마나오스 근처의 강가에서—본 호아친은, 날개색은 암꿩과 비슷하지만 닭과 비슷하다는 인상은 받지 못했다.

그 새는 아마존의 지류 중 하나인 강 위로 쭉 내민 나뭇가지 위에 만든 둥지에서 고개를 내밀고 있었다. 호아친은 매우 큰 모이주머니를 갖고 있다. 주로 '아룸'이라는 천남성과의 단단한 잎을 씹어 간단히 소화시킨 후 모이주머니에 저장시킨다. 부모는 그 입 속에 새끼 입을 찔러 넣게 해서는 반쯤 소화된 잎을 토해내 준다.

하지만 그런 것은 새의 세계에서는 보기 드문 일은 아니다. 호아친이 세상에서도 보기 드문 희귀 새라고 하는 이유는 어른 새에게는 없는 새끼 때 나타나는 특징에 있었다.

새끼는 나무 위의 둥지 안에서 부화해 쉴 틈도 없이 놀랄만한 능력을 나타낸다. 태어난 그 날부터라고 해도 좋은데 호아친의 새끼는 둥지에서 떨어져도 강물 속을 헤엄쳐, 곧바로 해안가로 올라와 날개에 있는 발톱과 발가락의 발톱으로 나무에 척척 기어올라 원래의 둥지로 돌아온다. 깜박하고 떨어져도, 적에게 쫓겨 강물에 뛰어들어도 이 방법으로 도망친다. 또한 그런 위험한 일이 없어도 나뭇가지 사이를 달라붙듯 기어올라 돌아다닌다.

새끼의 발톱은 2개씩 있고, 아직 날개털이 자라지 않은 날개의 가장자리에서 삐져나와 보이는데, 2-3주 만에 소실되어 날개털에 뒤덮인다. 어른 새가 되면 날 수 있으니 나무들을 옮겨 다니거나 물 속을 헤엄치거나 하지 않아도 위험으로부터 벗어날 수 있지만, 호아친 어른 새의 나는 법은 염려스러우리만치 서툴고도 소란스럽다. 위에서 아래로 비스듬히, 퍼드덕 퍼드덕 하고 요란한 소리를 내며 이동하는 바람에 내려앉을 때는 날개털이 부스스해져 버린다.

나무에 오를 때와 날 때의 어설프고 미숙한 모습은, 과연 난 것인지 아닌지 토론이 끊이지 않는 시조새archaeopteryx를 떠올리게 하는 부분이 있다. 특히나 발톱이 어린 새 시기에서만 눈에 띄는 것도 시조새를 그때만 재현하고 있는 것 같기도 하다. 미시간 대학의 마스톤 베이츠Marston Bates 교수는 "호아친을 새라고 간주하는 것은 쉽지 않다. 파충류에 가까운 최초의 새, 시조새를 떠올리게 하는 점이 있기 때문이다"라고 말하고 있다. 공룡온혈설로 이름 높은 로버트 T. 바커Robert T. Bakker는 게르하르트 하이루만Gerhard Heilmann의 연구를 인용해 어린 호아친 날개의 골격과 시조새의 앞발 골격을 비교해 보여주고 있다. 누구나 깜짝 놀랄 만큼 쏙 빼 닮은 것이다. 게다가 이 둘 만큼 닮지는 않았지만 데이노니쿠스백악기 초기에 살았던 육식공룡의 앞발 골격과도 꽤 비슷한 것이다.

여기에 있어서 호아친은 공룡과 끊으려야 끊을 수 없는 관계를 갖는다. 이 새는, 새라는 것은 이름뿐인, 공룡의 후예-시조새의 자손-가 아닐까?

하지만 조류학자는 "진화는 원래로 되돌아가는 것은 불가능하다"는 원리에 입각해 이 가설에 반대한다. 페듀시아도 '갈고랑이 발톱은 2차적인 진화의 산물이며, 시조새 같은 원시적인 새로부터 보존되어 온 특징은 아니다' 라고 말하고 있다. "공룡의 자손은 조류"라는 바커의 주장에 귀를 기울인다면, 호아친은 새다! 공룡 파충류가 아니다! 라고 강조하는 것도 특별히 호아친을 옹호하는 것도 아니라는 생각이 든다.

어린 호아친이 나무 위, 물 속에서
이러한 활동을 하는 것은
부화 후 2~3주 동안으로
그 후에 발톱은 소실되어버리고
점점 어른 새가 되어간다.

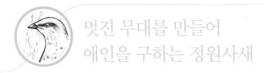

멋진 무대를 만들어
애인을 구하는 정원사새

정원사새는 극락조*Paradisaea raggiana*에 가까운 작은 새 무리로 개똥지빠귀류에서 까마귀류까지 19종은 된다. 색채나 머리 부분에 있는 장식이 아름다운 것들도 많지만 수수한 것도 많다. 화려한 것이라도 극락조만큼 화려하지는 않다.

이들 정원사새의 특징은 암컷을 유인하는 장소로서 다양한 장식을 하여 무대를 만든다.

그 무대의 가장 일반적인 형태는 네 귀퉁이에 나뭇가지 기둥을 세우고 가지나 잎으로 덮어 세워, 거기에 다양한 장식품으로 꾸미는 것이다. 재료는 나뭇잎이나 꽃, 조개껍데기, 나무껍질, 이끼, 양의 이빨, 과일, 달팽이껍질, 매미허물, 날개털, 그리고 번데기 등 참으로 다양하다. 그들 중 꽃이나 나뭇잎이 마르면 정원사새는 곧바로 그것들을 새 것으로 바꿔놓기까지 한다.

이러한 정원사새류가 만들어내는 무대장치는 4가지 형태로 나뉜다. 첫 번째는 나무 한 그루나 키 작은 나무덤불을 단순히 이용하는 것뿐이다. 두 번째로 중앙이 뾰족한 꽃우산 같은 작은 오두막을 만드는 정원사새들은 '메이폴mapole 빌더'라고 하며, 나뭇가지를 좌우로 엮어 세워 그 아래를 뜰로 삼고 풍뎅이의 날개나 조개껍데기로 반짝반짝 빛나게 장식해 세워놓는 것은 '매트mat 빌더'라고 한다. 네 번째로는 작은 가지를 직사각형으로 깔고, 그 좌우에 가지를 가로수처럼 찔러서 꿰는 것으로 '에비뉴avenue 빌더'라고 한다.

무대장치가 완성되면, 각각의 정원사새 수컷은 지금까지는 연출가였지

수컷

암컷

만 돌변해서 주연배우가 되어 홀연히 무대에 등장한다. 그리고 장
식날개나 깃을 파닥이며 거드름피우듯 춤을 추어 근처에 있는 암컷
들을 유혹하는 것이다.

암컷은 그러나 현실적이다. 반드시 이들 예술적인 연출에 매료당해버린
다고는 할 수 없다. 숲에 곤충이 늘어나 이윽고 태어날 새끼의 먹이가 풍부
해질 계절까지 기다려 수컷을 몹시 애태운 다음 겨우겨우 수컷의 요구를
들어준다. 그 일이 끝나면 암컷은 무대에서 100미터나 떨어진 나무 위에,
자기 혼자서 둥지를 만든다. 수컷은 멍청한 얼굴을 하고 아직 무대에 머물
러 있다.

더구나 정원사새 무리라도 화려한 무대를 만드는 쪽은 수컷 중에서도 수
수한 녀석들이고, 화려한 색채를 가진 수컷들은 극락조처럼 보이도록 자신
만 장식을 해서, 무대는 보잘것 없고 그리 예술적이지도 않다. 수수한 복장
을 한 남자일수록 아름다운 정원을 갖고, 화려한 차림을 하고 나돌아 다니
는 남자의 정원은 빈약하다고나 할까.

정원사새 수컷의 구애행동에는 작은 오두막을 장식하거나 아름다운 정
원 연출뿐만 아니라, '뛰어난 복화술'도 포함되어 있다고 한다. 수컷들은
모든 다른 새들의 우는 소리를 흉내 내어 운다. 이 때문에 정원사새의 구애
중에는 많은 다른 새들이 그 소리에 이끌려 모여든다고 알려진다.

춤전문가인 극락조조차도 정원사새의 작은 오두막 위 나뭇가지에 멈춰
서고 작은 새들도 잔뜩 들떠서 나무 주변에 떠들썩하게 모여든다. 이러한
소란 때문에 정원사새들을 노리는 맹금류 등이 이것을 알아차려 다가오는
경우도 있다. 그런데 정말 놀랍게도 관객으로서 모여 있는 작은 새들이 소
리를 내어 구애 중인 정원사새의 암수에게 위험을 알려준다.

극락조의 주제가는
'히로하이호우호쿠호쿠'

극락조는 43종이나 된다고 하는데, 특히나 공작만큼 아름다운 조류는 없을 것이다. 산에 사는 삼림조로 뉴기니, 오스트레일리아, 말루쿠 군도에 분포한다. 아름다운 것은 수컷으로 암컷은 검정색이나 갈색이다. 수컷의 대다수가 나뭇가지 위 혹은 숲속의 지상에다 장식을 한다.

목구멍을 부풀려 장식날개를 흔들며 바르르 떨거나 거꾸로 서거나 나뭇가지에서 나뭇가지로 날아 옮겨 다니거나 하면서 자신을 과시한다. 그중에는 푸른극락조*Paradisaea rudolphi* 처럼 가지에서 거꾸로 매달려 암컷의 기를 홀리려는 것도 있다. 이 수컷들이 집단으로 장식을 연출하는 경우도 있다.

옛날 동물해설서에는 이것을 다음과 같이 기록하고 있다.

'이 새의 수컷은 10마리, 20마리씩 모여 무도회를 연다. 그 장소는 나뭇가지 잎이 그리 밀집해 나 있지 않는 나무가 들어선 숲이다. 가지들을 돌며 목을 쭉 빼고 날개를 펼쳐 꼬리를 흔들어댄다. 그때 수컷이 지저귀는 소리는 '히로하이호우호쿠호쿠' 라고 들린다.'

이 책에는 극락조가 매일 2회, 한 개의 날개털도 놓치지 않을 정도로 열심히 화장을 하고 몸단장을 하는 것이라든가, "가끔은 자신의 아름다움에 사로잡혀 자기도 모르게 이상한 소리를 낸다"고도 쓰여 있는데 극락조는 정원사새처럼 '작은 오두막을 만든다' 는 말은 쓰여 있지 않다.

파로티아극락조*Parotia sefilata* 는 아름다운 잡초가 나 있는 나무들 사이에, 가지를 직각으로 구부려 접어 엮은 작은 오두막을 만들어 놓고서 '무도회에 나가는' 것 같다. 웅장극락조*Cicinnurus magnificus* 등은 일정하게 똑바로 서

있는 어린 나무에 장식을 하는 것 같고, 그 어린 나무의 가지나 잎을 잘라내어 자신의 아름다운 모습이 암컷들에서 잘 보이도록 그 나무의 주변도 빙 둘러 청소를 해 놓는다.

하지만 극락조들에게는 정원사새만큼 정성이 들어간 화려하고 정교한 무대장치를 만드는 솜씨는 없다. 그 대신 '각자가 더할 나위 없이 아름다운' 것이다. "아름다움은 때로 투쟁에서 이기는 것보다 중요하다"고 다윈이 말한 것은 이런 것을 가리키는지도 모르겠다.

그러나 찬란하고 화려한 극락조는 비교적 수수한 정원사새류한테서 태어난 것이다. 메이폴빌더 중에서 맥그레거정원사새 *Amblyornis macgregoriae* 등은 원시적인 것으로 여겨지는데, 갈색에 주황색의 날개관을 갖고 있고 암컷은 한층 더 없이 수수하다. 이들은 화려한 장식붙이기나 연출이나 춤을 추는 방향으로 진화했다.

그것에 비해 원시적인 정원사새 중에서 태어났던 극락조들은 자신들의 아름다움을 점점 세련되고 화려하게 하는 방향으로 진화했다고 할 수 있다. 그들의 '무도회'만은 정원사새한테서 계승받은 것일 것이다. 그 세련된 무도의 기술에 따라 극락조들은 작은 오두막이나 정원 같은 것을 만들지 않아도 '그냥 암컷 앞에서 얼쩡거리는 것만으로 자신의 매력을 그녀들에게 발산할 수 있었던' 것이다.

예부터 극락조의 아름다움은 유명해서 많은 박제가 유럽으로 보내졌다. 그런데 다리가 잘려 있어서 '이 아름다운 새는 나무에 머물지 않고 땅으로 내려가지도 않고 바람 부는 대로 떠돈다'는 전설이 생겨 풍조라고도 불렸다.

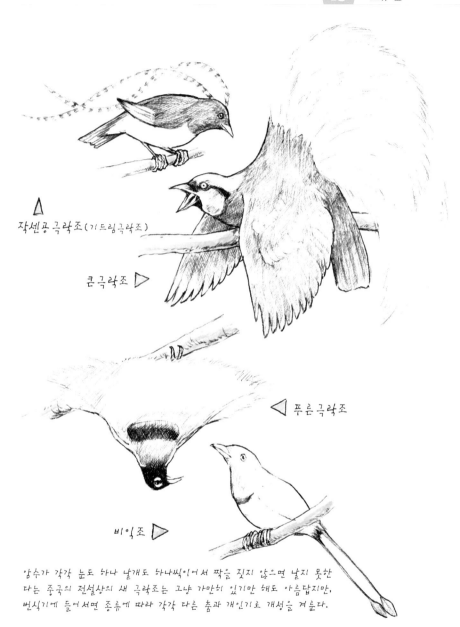

작센공극락조 (기드링극락조)

큰극락조 ▷

◁ 푸른극락조

비익조 ▷

암수가 각각 눈도 하나 날개도 하나씩이어서 짝을 짓지 않으면 날지 못한
다는 중국의 전설상의 새 극락조는 그냥 가만히 있기만 해도 아름답지만,
번식기에 들어서면 종류에 따라 각각 다른 춤과 개인기로 개성을 겨룬다.

최초의 거대조
디아트리마

티라노사우루스로 대표되는 공룡류는 생태적 지위로 말하자면 '두 발 보행을 하는 대형 포식자'이다. 그들이 대 멸망으로 사라지고나서 지상은 잠깐 동안의 평화를 맞이했다. 하지만 어느 생태적 지위가 언제까지나 공백으로 있는 일은 결코 없다. 팔레오세 후기에 재빠르게 '차세대 티라노사우루스'가 출현했다.

그것은 바로 새였다. 최초의 거대조 디아트리마diatryma는 몸길이가 2.15미터로, 머리만 45센티미터나 되었다고 한다. 두껍고 높고 끝이 날카로운 부리에, 굵고 튼튼한 달리기에 적합한 긴 다리를 갖고 있었다. 이것이 육식성 포식새였다면 훌륭한 지배자라 생각할 것이다. 그러나 학자에 따라 디아트리마를 온화한 초식새로 본다. A. 페듀시아는 이 설에 대해 반론을 제기한다. '초식의 거대조라는 것도 있다. 하지만 그 머리는 에피오르니스 마다가스카르 섬에 살았던 거대조에서 보는 것처럼, 상대적으로 작다', '디아트리마가 생존하고 있던 때는 진화의 역사상, 육식 조류에게 절호의 시대였다', '디아트리마는 그만큼 속도는 낼 수 없었던 것 같은데, 디아트리마가 포식했었을 거라는 포유류도 대개 발이 빠른 녀석은 없었다'.

그래서 최근에는 이마이즈미 타다아키今泉忠明와 같이 '디아트리마는 팔레오세6,500~5,500만 년 전와 에오세5,500~3,370만 년 전의 상당 기간 동안 만물의 영장이며 지상의 지배자였던 것 같다'고 주장하는 학자도 나왔다. 그에 의하면 디아트리마는 '당시의 어떤 맹수보다도 빠르게 달렸으며 그 모든 것을 죽일만큼 위협적인 존재였다'는 것이다.

*쉬라코테리움: 에오세 초기에 북아메리카와 유럽에서 살았던 유제류. 쉬럭스를
닮은 동물이라는 뜻. 쉬럭스는 뚱뚱한 기니피그 같은 동물

'걸어다니는 공포'
괴물새 포루스라코스

셜록 홈즈 탐정단의 저자 코난 도일의 작품 중에 유명한 공룡모험소설 《잃어버린 세계》가 있다. 거기에는 살아있는 포루스라코스 *Phorusrhacos longissimus*라는 것이 출현하는데, 그 무시무시함은 '공포 자체가 걸어 다니는 것 같은 놈이었다'고 평하고 있다. 《잃어버린 세계》에는 흉폭한 육식공룡이 차례차례 등장하기 때문에 이것은 포루스라코스를 과대 평가한 것이다.

포루스라코스 *Phorusrhacos*는 속명으로, 포루스라코스속에 속하는 화석조류는 10여 종이 있다. 남미의 파타고니아 지방에, 포루스라코스들이 활약하기 시작한 것은 올리고세 3,370~2,3870만 년 전로, 마이오세 2,380~530만 년 전에 들어서서 전성기를 맞이했다. 그 무렵까지의 생물계에 있어서 최후의 패자覇者, 으뜸이 되는 사람 또는 단체였다.

이 경우의 '최후의 패자'라는 것은, 중생대의 공룡대왕조가 종말기를 맞이하고, 그 후 포유류는 아직 약소해서 패자가 될 시기는 아니어서, 그 자리가 비어 있는 시대에 이미 공룡과 함께 꽤 번영을 누렸었던 조류가 공룡이 사라진 후 지상으로 내려와 거대화되어 날지 못하고 공룡의 후계자로서 지구상의 패자가 되었다는 의미이다.

조류가 정복하던 시대에도 결국에는 종말기가 다가온다. 포루스라코스류가 정복에 이르자 종말로 이어질 것이라는 의미로 '그때까지의 생물계에 있어서 최후의 패자'라고 일컬어 졌다. 포루스라코스류에 맞서 겨우 대형화, 지능화를 이루어낸 포유류들이 정면으로 생존경쟁에 도전장을 내밀기 시작했던 것이다.

포루스라코스류에 속하는 주행성 육식 거대조들과 새롭게 세상을
지배할 포유류와의 사이에는, 플라이오세 말(약 400만 년 전)에,
무시무시한 '조수(鳥獸) 대전쟁'이 있었다는 설도 있다.

*플라이오세 : 530~180만 년 전

대표적인 포루스라코스는 평균 1.5-2.4미터정도의 키에 커다란 머리에는 날카롭고 갈고리처럼 생긴 거대한 부리를 갖고 있었다.

그 무리만으로 포루스라코스목을 이루고 있다. 다리는 길고, 발톱은 튼튼하고, 날개는 퇴화되어 형태상으로는 타조 같다. 이런 맹금류가 타조 같은 속력으로 쫓아오는 것이다. 그 무서움은 비할 데가 없다. 거대한 싸움닭이 성내며 달려들어도 그렇게 무서운데, 포루스라코스는 멸종된 기제류奇蹄類 하이라키우스Hyrachyus 등을 걷어차 쓰러뜨려, 부리로 쪼아 죽여 잡아먹었던 것이다. 만약 그 무렵 인류가 있었다면 두말할 것도 없이 잡아먹히고 말았을 것이다. 싸움닭이 아무리 미친 듯이 날뛰어도 사람은 잡아먹지 못하니 그나마 나은 편이다.

포루스라코스과 중에는 안다르가로르니스, 오나쿠토루니스, 헤르모시오르스 등의 용맹스러운 놈들이 줄지어 땅을 구르고 있다. 오나쿠토루니스 같은 것들은 2미터 40센티미터나 되었다. 북아메리카 방면에서 신흥 포유류, 개과, 고양이과의 맹수들이 건너오면서 포루스라코스류는 결국에는 그 자리를 내주게 된다. 그러나 그때까지 그들은 역으로 북미대륙으로 침입한 놈조차 있었다. 티타니스 왈레리Titanis walleri 라는 학명으로 플로리다 지방에서 발견된 화석은 '아메리카타조의 2배 이상이나 되었다'고 한다. 그러고 보면 살아 있었을 때의 높이는 정말 4미터 50센티미터를 넘은 것이 된다! 과연 포유류 이전 지상의 패자는 조류였던 것이다.

사상 최대의 새는
과거 세계에 있었다!

현존하는 조류 중에서 날개를 펼쳤을 때 가장 큰 새는 안데스콘도르*Vultur gryphus*와 캘리포니아콘도르*Gymnogyps californianus*다. 양쪽 다 날개의 펼친 길이가 3미터 25센티미터, 체중은 매우 가벼워 10킬로그램 내외로, 체중이 가벼운 것은 물론 날기 위해서이다. 보통의 대형 독수리는 어느 것이든 양대 콘도르에는 미치지 못한다.

하지만 세계 최대라는 것을 키나 체중으로 생각할 때는 이 콘도르들은 퇴장시키고 아프리카타조를 등장시키지 않으면 안 된다. 아프리카타조의 몸길이는 2미터 45센티미터, 체중은 110킬로그램이나 된다. 같은 타조 무리인 화식조*Casuarius casuarius*나 에뮤*Dromaius novaehollandiae*나 아메리카타조보다도 훨씬 크다.

이상은 현존하고 있는 조류 중에서의 최대종이다. 과거로 거슬러 올라가면, 이들보다 큰 것이 있었다. 타조형의 날지 못하는 새에서는, 우선 '거대조 모아^moa^'가 있었다. 모아는 데이노니스 막시무스*Dinornis maximus*라는 학명으로 몸길이가 3미터를 넘었었다. 일찍이 뉴질랜드의 제4기에 얼마든지 있었는데 인류에게 멸망당하고 말았다.

거대조 모아에 거의 필적할만한 날지 못하는 새의 화석으로 마다가스카르산 아이피오르니스 막시무스*Aepyornis maximus*가 있다. 몸길이는 역시 3미터나 되었으며 길이가 30센티미터나 되는 알도 발견되고 있다. 아이피오르니스는 화식조나 에뮤에 가까운 계통의 것이었다고도 한다.

그럼 날 수 있는 새 중에서 최대의 것은 무엇일까?

미 캘리포니아와 네바다 주에 경신세의 퇴적물에서 발견된 테라토르니스 인크레더빌리스*Teratornis incredibles*라는 학명이 붙은 화석이 있다. 지상으로 내려가고 있을 때의 머리까지의 높이가 75센티미터, 날개를 펼친 길이는 5미터 10센티미터나 되었다고 한다. 이것으로 최대조를 찾아냈다고 안심하고 있었다면 아직 뛰는 놈 위에 나는 놈이 있다.

1980년 케네스 캠벨*J. Kenneth Campbell*과 에듀아르도 토니*Eduardo Tony*에 의해서 기록된 아르헨티나산 화석조, 아르젠타비스 매그니피켄스*Argentavis magnificens*가 그것이었다. 머리 높이가 1미터 50센티미터, 날개를 펼친 길이가 7미터 20센티미터, 일설에 의하면 8미터였다고 한다. 이것이 지금 알려져 있는 최대의 비행조이다.

UMA 미확인 동물로서 이름 높은 '썬더버드 thunderbird'나 '빅버드 bigbird'라고 불린 것이 있다. 예를 들면 1965년 미 뉴저지 주의 농장에 출현한 썬더버드는 날개를 펼친 길이가 10미터나 되고 우-우-우 하는 것 같은 괴상한 소리를 내면서 날고 있었다. 1977년 7월 26일의 썬더버드의 출현 사례는 대표적이어서 일리노이 주 론데일이라는 마을에서 2마리의 썬더버드 중 1마리가 10살짜리 남자아이를 거머쥐고 아슬아슬하게 채갈 찰나였는데, 아이도 저항하고 엄마도 뛰어 나오는 바람에 놓쳐 떨어져 운 좋게 무사히 구조되었다고 한다.

이들 대괴조가 일명 빅버드라고도 불리며, 썬더버드 쪽은 북미 인디언에서 전승된 '번개새'라고 한다. 이들 UMA의 정체는 아르젠타비스 매그니피켄스인지도 모른다. 그러나 이 기록도 몇 년쯤 후에는 깨지지 않을까 하는 예감이 든다.

▼ 아르겐타비스 마그니피켄스

▲ 현생 최대의 새. 캘리포니아콘도르

◀ 현생 최대 날개의 새. 떠돌이알바트로스

제3장
파충류 · 양서류 편

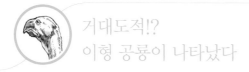

거대도적!?
이형 공룡이 나타났다

　　최근 중국에서는 공룡이 대세다. 공룡의 새로운 발견이 잇따르고 있다. 그중의 최신 정보가 기간토랍토르 *Gigantoraptor elrianensis* 라는 공룡화석의 발견이다.

　　2007년 6월 14일에, 중국과학원의 연구팀이 영국 과학지 〈네이처 *Nature*〉에 발표한 것이다. 발굴된 것은 하악골 아래턱뼈, 견갑골 어깨뼈, 척추 등뼈 등으로 내몽골의 백악기 후기의 지층에서 나타났다. 그들 화석뼈로 복원해보면, 전체 길이는 무려 8미터, 추정 중량은 1,400킬로그램, 둘레가 꽤 두꺼운 목, 입은 이빨이 없는 부리 모양, 게다가 앞발에는 도저히 날 수도 없는데 털 발달한 날개 모양의 날개털이 있었다. 몸통에도 날개털은 있는 것 같고 긴 꼬리 끝에도 '꼬리날개'가 있는 이형 공룡이었다. 기간토랍토르는 1924년에 페어필드 · 오즈본이 기록한 오비랍토르 · 필로케라톱스를 대표로 하는 오비랍토로사우루스류로 분류되었다.

　　오비랍토르 *Oviraptor philoceratops* 는 발견되었을 당시, 프로토케라톱스의 알더미 꼭대기에서 넘어진 형태를 띠고 있었다. 그래서 오비랍토르라 알도둑는 이름이 붙었던 것이다. 크기는 기껏 2미터 정도였다. 기간토랍토르는 그 무리로 분류되지만, 오비랍토르보다 4배나 커서 '거대 도적'이라는 이름을 얻었다. 게다가 1,400킬로그램이나 되는 몸에 무척이나 장대한 날개와 꼬리날개가 있어서 날 것 같지도 않다. 그런데도 날개나 꼬리날개의 모양을 갖춘 날개털을 갖고 있다. 도대체 날개는 무엇을 위해 있었을까? 바로 보온을 위한 것이었다고 한다. 공룡은 역시 온혈동물이었단 말인가!

기간토랍토르

같은 스케일의 오비랍토르

기간토랍토르 전에는 앞발에도 뒷발에도 날개를 가진
미크로랍토르 · 구이, 기간토랍토르를 축소시켜 놓은 것 같은
'꼬리날개새' 등이 잇따라 중국에서 발견되고 있다.

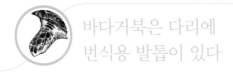

바다거북은 다리에
번식용 발톱이 있다

거대한 바다거북은 지느러미 모양의 발이 있고 바다에 산다. 그 외에는 보통 거북과 다를 바 없을 거라고 생각하는 사람이 많다.

그런데 바다거북은 남생이나 청거북*Pseudemys scripta elegans*이나, 거대한 코끼리거북에 비해도 꽤 다르다. 첫 번째로 바다거북은 적이 다가가도 절대 고개를 밀어 넣지 못한다. 지느러미 모양으로 변화한 네 다리도 그렇고, 언제나 등딱지 밖으로 삐져나와 있다.

바닷속에서는 육상에서 보다 안전해서 등딱지로 보호만 받으면 대부분 문제가 없으니, 머리나 손발을 집어넣고 굳이 몸을 지킬 필요가 없다. 한편, 바다거북은 모래사장으로 산란하기 위해 올라갈 때를 제외하고는 항상 바닷속 생활을 하기 때문에 번식생활에 대해서는 곤란한 일도 생긴다. 아무래도 수컷은 안전한 바닷속에서 교미하는 것이 가장 좋겠지만 물 속에서는 암컷을 제대로 붙잡고 있을 수가 없다. 몸이 안정되지 않는 것이다.

그래서 바다거북류는 유영용 네 다리 말고 테두리 부분에 하나 또는 두 개의 발톱을 더 발달시켰다. 청바다거북*Chelonia mydas*은 하나, 대모*Eretmochelys imbricata*는 앞다리에 두 개, 뒷다리에 한 개가 달려있다. 수컷은 수면에 떠올라, 그의 프러포즈를 받아들인 암컷의 등딱지 앞가장자리에 발톱을 걸치고 뒤에서 올라탄 채 자세를 안정시킨다. 그것은 대부분 '붙잡는다'고 해도 좋은데 파도에 흔들리거나 바람이 불어도 삽입을 지속할 수 있다. 바다거북의 발톱은 '교미용 발톱'의 역할을 제대로 하고 있는 것이었다.

청바다거북

수컷 바다거북의 이러한 단순한 교미용 발톱에 대해, 암컷 바다거북의 등딱지 앞뒤 테두리 부분은 약간 삐져나와 있어 발톱을 걸치기 좋게 되어 있다.

대모

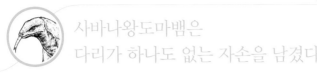

사바나왕도마뱀은
다리가 하나도 없는 자손을 남겼다

사바나왕도마뱀*Varanus exanthematicus*은 단순히 몸이 커다란 도마뱀인 것만은 아니다. 크기로 본다면 오스트레일리아에 25-45센티미터밖에 안 되는 사바나왕도마뱀도 있고, 그 정도의 크기라면 보통의 도마뱀 중에도 얼마든지 있다. 사바나왕도마뱀의 꼬리는 보통 도마뱀의 꼬리처럼 스스로 끊어도 재생도 되지 않는다. 배 부분의 비늘이 세로로 긴 직사각형에 가까운 판 모양으로 돋아나 있고, 혀가 두 갈래로 나뉜 것이 특징이다. 이것으로 이구아나, 목도리도마뱀, 도마뱀붙이 등과 구별된다. 독도마뱀이나 발없는도마뱀도 혀가 두 갈래로 나뉘어 있어 이들을 사바나왕도마뱀류^{모니터군}로 보아 갈라진혀밑목^{裂舌下目}으로 분류된다.

사바나왕도마뱀류는 두 갈래로 나뉜 혀를 후손 뱀류에게 전수했던 것이다. 사바나왕도마뱀 중 어느 것이, 어쩌면 공룡시대에 몸이 가늘게 길어지고 뒷다리가 퇴화되어 앞다리밖에 없는 지렁이도마뱀*Bipes biporus* 같은 이상한 도마뱀이 되었는지도 모른다. 그 후 땅 위를 기어 다니며 몰래 숨어 생활하는 것도 나타나게 되었으며, 이윽고 앞다리도 소실되고 발없는도마뱀 같은 모양으로 특화되었다. 아직 눈썹은 남아있어 눈을 감고 뜰 수 있었고, 이공^{귓구멍}도 있었는데, 나중에는 그것마저 소실되어 후각이 발달하고 눈은 콘택트렌즈를 착용한 것 같은 고정눈^{固定眼}이 되었다. 뱀은 바로 여기서 탄생했다. 사지달린 우리 인간의 눈으로 보면 '부자연스럽게' 보이는 뱀의 형태는 사실은 성공작으로 이후 뱀류는 크기도 생태도 천태만상으로 전개되어갔다.

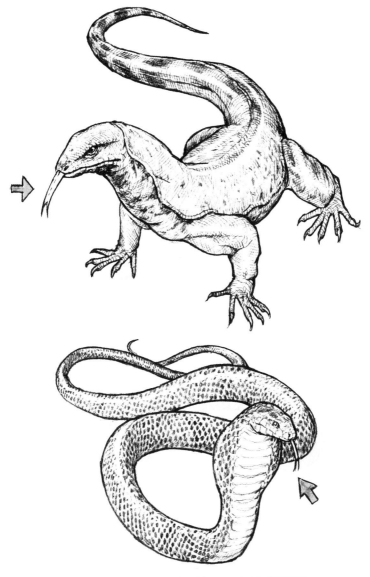

뱀의 두 갈래로 나뉜 혀는 사바나왕도마뱀한테서
전승된 것으로 여겨진다.

알 속에서 응애 우는 새끼 악어는
혼자서도 잘한다

악어는 물 속에서 교미를 한다. 아메리카엘리게이터 *Alligator mississippiensis* 의 경우, 5월부터 7월에 걸쳐 암컷은 '산란을 위한 둥지'를 만든다. 그것은 물가에 가까운, 높이 60-90센티미터에 지름 2미터 정도의 둔덕으로 나뭇가지나 잎으로 덮여 있다. 아메리카엘리게이터 암컷은 그 안에 십여 개, 많을 때는 88개나 알을 낳는다. 역시 나뭇가지나 잎, 그 밖의 것으로 알을 덮어 둔다.

둥지 안은 바깥에 비해 온도의 변화가 없고 바깥보다 온도가 몇도 정도 높게 유지되므로 알은 따뜻하게 데워진다. 암컷 악어는 둥지 근처에 머물러 있으면서 종종 진흙을 발라 둥지 안에 습도를 유지해 준다. 만약 외부의 적이 나타나면 용맹스럽게 덮치는 것은 두말할 것도 없다.

악어 새끼는 알 속에서 자라 60-70일 후에 부화된다. 아메리카엘리게이터 새끼는 알 속에서 소란스러운 소리를 내는데, 바다악어 *Crocodylus porosus* 의 경우도 부화가 다가오면 유체가 울고 있는 소리가 알에서 들린다고 한다. 이것은 옛날부터 보고되고 있었는데 많은 학자들은 말도 안 되는 소리라며 믿지 않았다. 나도 전쟁 전, 소년동물기에서 그런 식의 바보 같은 부정설을 읽은 적이 있다. 지금 와서 보면 부정한 학자들 쪽이 오히려 바보였다.

이것들은 새끼 악어가 소위 엄마 악어를 부르는 소리로, 엄마 악어는 둥지의 덮개를 떼어내고 새끼를 바깥으로 꺼내준다. 이때 엄마 악어가 이빨로 알껍데기를 깨물어 깨뜨려준다고도 하는데, 새끼 악어에게는 알이빨卵齒이 갖추어져 있어 자기 힘으로 알껍데기를 안에서 쪼아 깨는 것이 정말인

110

아메리카엘리게이터 암컷은 둥지 곁에 머물러 알을 지키고 있다.

둥지 안은 움푹 패어있어서 알은 거기에 모여 있고, 그 위에
약간 가벼운 나뭇잎, 가지 등으로 산 모양으로 덮여 있다.

것 같다. 알이빨은 새끼 악어가 태어나면 며칠이 지나지 않아 빠져 버린다. 이것은 병아리에서도 똑같아서 병아리는 부리 끝에 삼각형의 돌기물을 갖고 있어서 그것을 이용해 껍질을 깨고 나온다. 그리고 생후 2, 3일도 되지 않아 알이빨은 똑 떨어져버린다.

엄마 악어는 태어난 새끼 악어를 한 마리씩, 가끔은 몇 마리씩 입에 물고 근처 강가로 열심히 갖다 나른다. 그리고 물 속에 놓아주는데 그러고 나서도 3, 4일은 함께 있는다고도 한다. 한 마리 한 마리를 씻겨준다는 보고도 있다. 엄마 악어는 무시무시한 육식 공격자로 거대한 몸집을 하고 있어도 꽤 자상한 것 같다. 사람은 겉보기로는 모르고 겪어봐야 안다고 하는데, 악어도 마찬가지리라. 악어는 새끼나 알을 돌보지 않는다거나, 지능이 낮은 동물이라고 하는 것도 인간이 마음대로 그렇게 간주해버린 것뿐이다.

새끼 악어들은 3, 4일 동안 엄마 악어한테서 내버려져도 야무지게 강 속으로 흩어져간다. 어린 아메리카엘리게이터의 경우, 주로 강가나 수초 위에 흔히 있는 거미를 잡아먹으며 자란다고 한다. 하지만 어리고 작은 새끼 악어는 대형 물고기에게 잡아먹혀 버릴 때도 있어 사망률은 높은 편이다. 새끼 악어는 생후 5년간은 매년 30센티미터나 성장한다고 한다. 새끼 악어가 부화했을 때 20센티미터 정도이니, 다섯 살이 되면 1미터 70센티미터의 젊은 악어가 되는 것이다. 그러나 그때까지 성장할 수 있다는 것만으로도 대단한 생명력으로 '생존의 적격자'라고도 할 수 있다. 한 마리의 젊은 악어는 십여 마리에서부터 수십 마리의 악어들을 제치고 살아남았을 테니까.

'세눈박이거대도마뱀'이라는
괴물은 정말 있을까?

옛날도마뱀 *Sphenodon punctatus* 만큼 괴기스러운 동물은 별로 떠오르지 않는다. 아무리 봐도 원시적이고 괴기한 모습을 하고 있는데, 오래 전의 선조, 공룡과 같은 목은 아니다. 또한 옛날도마뱀은 서식지가 매우 한정되어 있어 뉴질랜드의 남쪽 섬, 북섬 연안에 있는 무인도 몇 군데 밖에 없다. 도마뱀과 비슷하지만 도마뱀이라고도 하기 어려워, 훼두목 *Rhynchocephalia* 이라는 목에 옛날도마뱀 단 한 종이 차지하고 있다. 서식하는 섬에는 아주 약간의 땅과 풀이 있고 풀 속에 여치들이 꽤 많이 살고 있는데, 그 여치가 대부분 옛날도마뱀의 유일한 주식이다. 그 섬에는 무수한 해연이나 섬새들이 모이는데, 밤에는 이 새들이 옛날도마뱀이 사는 구멍을 빌려 살고 낮에는 교대로 옛날도마뱀이 이용하고 있다.

알은 흙 속에다 8-15개 정도 낳는데, 그것이 부화하는 데는 1년 3개월이 걸린다. 옛날도마뱀은 성장도 매우 느려 어른이 되는데 20년이나 걸리므로 거의 인간과 비슷하다. 하지만 동물계에서도 1, 2위를 다투는 장수동물로 100년 또는 그 이상도 살 수 있다.

이상한 녀석이라고 하는 이유는 이 정도면 충분한데도 옛날도마뱀이 진기한 이유는 다른 데에 있다. 그것은 머리 꼭대기에 정수리눈啄頂眼이라는 제3의 눈을 갖고 있다는 점이다. 눈을 부릅뜨고 있는 것은 아니라서 잠깐 보는 것만으로는 알 수 없다. 투명한 비늘로 덮여 있지만 렌즈와 망막이 갖추어져 있고, 망막에는 시신경과 색소를 가진 세포도 있기 때문에 '눈'이라고 할 수밖에 없다. 그래서 이 동물은 세 번째 눈이 있다. 그러나 그것이 과연

사물을 보는 힘이 있는지 어떤지는 모른다.

아주 먼 옛날에는 시력이 있어 위쪽을 보기 위한 용도였을 것이다. 그것이 지금은 퇴화되어 어쩌면 광선을 받으면 명암을 식별할 뿐인 기관으로서 간신히 남아있는지도 모른다. 단, 정수리눈이 있어서 옛날도마뱀이 보통 도마뱀이나 장지뱀과는 구별된다는 것은 아니다. 일본산 도마뱀이나 장지뱀에는 정수리 사이에 있는 판에 정수리눈의 흔적이 남아있는 것도 있기 때문이다. 옛날도마뱀과 보통 도마뱀 사이에도 유연친족관계는 있을 것이다. 이 원시적이고 괴기한 살아있는 화석은 '머리뼈나 외형은 도마뱀과 비슷하고 그 밖의 몸 구조는 오히려 악어와 비슷하다'고 평가되고 있다.

1935년경 미나미 요이치로南洋一郎가 소년지에 쓴 모험소설에 '세눈박이 거대도마뱀'이라는 괴물이 등장한다. 솔로몬 군도 부근의 어느 섬에서 원숭이가 끼릭끼릭 하고 소리치고 있어서 다가가 보았더니 크고 괴이한 모습을 한 거대도마뱀이 나무 위로 도망쳐 오르려는 작은 원숭이를 덥석 물어 질질 끌어 떨어뜨리려고 하고 있었다. 소년 다이스케는 작살을 쏘는데 남다른 소질을 갖고 있어서 창을 던져 작은 원숭이를 구한다. 다이스케나 선장들이 작은 원숭이를 치료하고 있는데 수부 데니스가 거대도마뱀의 사체를 보고 "이, 이놈은 세눈박이야!"라고 기겁하며 비명을 질렀다.

거기에는 사바나모니터Varanus exanthematicus의 머리에 '덩그러니 빛나는 커다란 눈알'이라고 묘사되어 있고, 게다가 선장이 '이놈은 옛날도마뱀이다'라고 하니 1935년경의 궁색한 정보로 괴기모험소설을 만들면 어떻게 되는지를 알 것 같다. 여기에 나오는 옛날도마뱀은 마치 공룡 같아서 과장되거나 잘못 전해지는 경우가 너무 많았다.

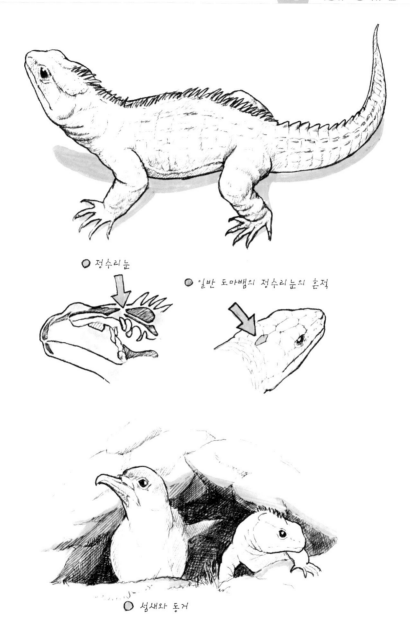

○ 정수리 눈

○ 일반 도마뱀의 정수리 눈의 흔적

○ 섬새와 동거

북방으로 진출한 뱀이
난태생이 될까?

뱀은 알을 낳아 따뜻하게 부화 하는 녀석도 있고, 100개 이상의 알을 낳는 비단뱀도 있다. 모든 뱀이 알을 낳아 번식할 거라고 믿고 있는 사람도 있지만, 사실은 모든 뱀의 4분의 1 정도가 새끼 뱀을 낳는다. 살무사도 그 중 하나로 여름부터 가을에 걸쳐 6-10마리 이상의 새끼 뱀을 낳는다. 형태는 난태생이지만 진짜 난태생은 아니다. 즉, 살무사의 알은 윤란관_{산란관} 안에서 성장하고 완전한 새끼 뱀이 되고나서 태어나는 것이다. 그 알은 물론 그 이전에 수정을 한다. 뱀류는 수컷한테서 얻은 정자를 체내에 보관하고 있다가 적당할 때 알에게 줄 수가 있다.

살무사 이외의 뱀 중에는 암수 모두 알을 품는 것도 있는데, 살무사의 새끼가 태어나 자랄 때도 아빠 살무사는 관여하지 않는 것 같다.

그런데 뱀과 도마뱀 중에도 난태생을 하는 것은 북방의 한랭지에 살고 있는 것들이 많다. 한랭지는 알을 부화하기에 적당하지 않다는 설이 있다. 유럽의 북살무사류나 보모장지뱀 *Lacerta vivipara* 이 그 예이다. 그런데 이것은 과연 맞을까? 살무사는 북살무사과이고 홋카이도나 시베리아, 동유럽에도 있으니 한랭지의 뱀이라고 해도 좋을 것이다. 그러나 북살무사과의 뱀에는 아프리카산 아프리카최강독사나 가봉북살무사 *Bitis gabonica* 나 베트남, 대만산 백보사 *Deinagkistrodon acutus* 처럼 한랭지에 산다고는 할 수 없는 것들도 있다. 이들은 모두 새끼 뱀을 낳으며 알은 낳지 않는다. 오키나와의 반시뱀 *Trimeresurus flavoviridis* 이나 애기반시뱀 *Trimeresurus okinavensis* 도 더운 섬에 살고 있는데 난태생이다. 그리고 보면 난태생의 뱀 북방설은 신빙성이 부족하다.

살무사의 새끼는 태어난 후 한참 동안은 어미 뱀 주변에 있지만 어미 뱀은 거의 그것들을 보호하려고 하지 않는다.
새끼 뱀은 이윽고 흩어져서 작은 도마뱀을 노려 잡아먹고, 약간 커지면 개구리도 노리게 된다. 어른 뱀이 되면 5분의 3정도는 쥐 종류를 잡아먹을 수 있게 된다.

카멜레온의 색소 변화는
보호색이 아니다?

　카멜레온을 녹색 잎이 많은 가지에 올려놓으면 몸색이 녹색이 될까? 아니다. 마른 나무에 갖다놓으면 갈색으로 변할까? 그것도 아니다. 이 말은 카멜레온의 몸색의 변화가 '보호색'이 아니라는 증거이다. 그럼 무슨 색으로 변하는가 하면, 특별히 정해져 있지는 않다. 회색이 되는 경우도 있고, 불규칙한 거무튀튀한 색이 될 때도 있다. 각기 다른 가지에 머물게 할 때까지 나타내던 색으로 변하지 않는 경우도 있다. 어느 쪽이든 주변 색과 같은 색으로는 되지 않아서 적의 눈을 혼란에 빠뜨리기는커녕 오히려 눈에 더 잘 띄어버린다.

　카멜레온의 피부에는 색소세포가 있고 그 안에 검정, 황색 같은 색소입자가 있다. 이것들이 세포의 한가운데 부근에 모여 있거나 엷게 분포되거나 원래대로 돌아가기도 한다. 이런 작용이 카멜레온을 다양한 색채로 바꾸는 것이다. 그 변화는 카멜레온의 몸 상태나 광선, 열의 양, 온도의 변화에 따라 바뀌는 것이지 주변의 색채에 따라 바뀌는 것은 아니다. 예를 들면 추우면 연한 회백색이 되다가 물을 끼얹으면 색이 확 바뀐다.

　그 순식간의 변화, 결국 변하는 순간을 정확히 포착하려고 해봐도 어떻게도 할 수 없다. 인간의 눈으로는 포착할 수가 없기 때문이다. 나도 필름으로 촬영해둔 것을 차분히 돌려서 살펴보았지만 끝까지 확인할 수가 없었다. 붉은색을 띠고 있던 것이 어느 틈엔가 선명한 녹색으로 바뀌어 있어 아차 하는 생각이 든다. 유감스럽게도 그것뿐이다. 아무래도 인간의 시각으로는 식별할 수 없는 색의 변화라는 것이 있는 것 같다.

🔵 몸의 일부에 그림자가 비추면,

🔵 그림자 부분만
색이 변한다.
(그림자가 비친 곳만
온도가 바뀌었기 때문에)

알고 보니 양서류는
빌붙기 상습범이다

동물원에서 일하던 젊은 시절에, 어처구니없는 큰 실수를 저질러버린 적이 있다. 다른 동물원에서 데리고 온 크고 작은 큰도롱뇽*Andrias japonicus* 두 마리가 있었다. 그 두 마리를 각각 따로따로 두었던 것에는 그만한 이유가 있었는데, 나는 그런 것도 모르고 두 마리를 같은 방에 함께 두었던 것이다. 날이 밝아 가보니, 큰도롱뇽 한 마리밖에 없는 것이 아닌가!

내 친구 중에 크고 작은 도롱뇽붙이*newt* 몇 마리를 기르던 친구가 있었는데, 그 친구도 사리를 잘 분별하지 못하는 녀석인지라 큰 것 작은 것 모두 섞어 놓은 수조를 그대로 두고 여름방학에 고향으로 내려갔다고 한다. 돌아와 보니 도롱뇽붙이가 한 마리밖에 없었다는 것이다!

언젠가 한번은 크고 작은 참개구리*Rana nigromaculata* 두 마리를 손에 넣었다. 그들을 같은 수조에 넣고 서로 마주보게 하고는 사이좋게 지내라고 말했는데 약간 예감이 좋지 않았다. 그러자 큰 개구리가 자세를 고쳐 앉았다. 다음 순간, 작은 쪽을 삼키려고 입을 뻐끔 벌리는 것이 아닌가! 나는 당황해 소리치며 둘을 황급히 떼어냈다.

이 사태에 이르러서야, 아무래도 무표정하고 무감각한 것처럼 보이는 큰도롱뇽이나 도롱뇽붙이, 그리고 우스꽝스럽고 귀여운 모습을 한 개구리들은 결코 크고 작은 개체를 함께 길러서는 안 된다는 것을 깨달았다. 대개 같은 크기의 개구리나 도롱뇽붙이라면 괜찮은데 크기가 다르면 위험하다. 큰 놈은 작은 놈을 여지없이 통째로 삼켜버리는 것이다. 양서류는 반드시 한 마리씩 길러야 한다.

이윽고 나는 오랜 세월 풀리지 않았던 의문을 풀었지만, 동시에 섬뜩하

연못에 떠오른 연꽃 잎 위에 참개구리를 앉혀놓고 기른 적이 있다. 만약 작
은 개구리와 함께 길렀다면 며칠 지나는 동안에 큰 개구리 한 마리만 남아버
렸을 것이다.

고 소름이 돋았다.

　그 의문이란, 두꺼비나 개구리의 올챙이가 자라 손톱 위에나 올라갈 정도의 작은 어린 개구리가 되면, 이것들이 도대체 무엇을 먹을까 하는 것이었다. 사육할 때도 올챙이에서 막 개구리가 된 어린 개구리는 너무 작고 많아, 가령 모기나 벼룩을 먹이로 줄 수 있을 것 같지도 않고, 그때 어떻게 해야 되는지는 사육서에도 개구리학 전문서에도 나와 있지 않았다. 그러고 보니, 나는 연못가에서 어린 개구리들이 뻐끔뻐끔 하며 서로 물어뜯는 것을 본 것 같은 '무의식적인 기억' 이 떠올랐다.

　정답은 역시 서로 잡아먹었던 것이다. 어린 개구리들은 서로 잡아먹으며 커지고 극히 소수의 개구리들만이 살아남아 흩어져간 것이다. 논밭의 참개구리나 청개구리도 그랬었다. 물 속에서 알이 부화해 바깥아가미外鰓가 있는 유생이 되어 성장해나가는 도롱뇽붙이도 그랬다. 그들은 상습적으로 서로 잡아먹고 그것이 당연한 생태를 이루고 있었던 것이다.

　양서류보다 훨씬 고등한 동물로 이것과 비슷한 습성을 보이는 것은 뜻밖에도 펠리컨이었다. 펠리컨은 '콜로니' 라고 불리는 집단 서식지를 만드는데 알이 부화하는 날 수에 상당한 차이가 있다. 그 때문에 커다란 새끼와 작은 새끼가 생겨버린다. 이 차이가 엄청난 결과를 초래한다. 작은 새끼가 어미 펠리컨에게 짓밟히거나 내동댕이쳐지는 것쯤은 그런대로 좀 낫지만 종종 큰 새끼에게 잡아먹혀버리는 때도 있다고 한다. 어느 새끼나 모두 그런 것은 아니고, '부분적으로 서로 잡아먹는 습성' 이 있기는 하지만, 펠리컨은 양서류만큼은 무식하지는 않은 것 같다. 그래도 역시 무서운 육아법임에는 틀림없다.

이제부턴 날아다니는
개구리라고 부르자

　개구리는 뒷다리로 뿅 하고 뛰어오르는 장기를 가진 동물로 전 세계에 퍼져 산다고 해도 무리가 없다. 대략 한 번 도약으로 최대 1미터 60센티미터까지 뛴 개구리도 있었다고 한다. 그 때문인지 개구리가 공중을 나는 특기는 별로 널리 보급되지 못하고 인도네시아에 분포하는 날개구리가 독점하고 있다.

　날개구리는 청개구리의 일종이다. 청개구리는 일본에서도 나무 위에 살고 있다. 날개구리도 완전한 나무 위 생활자로 열대수림의 상공에 살고 있다고 해도 좋다. 그런 점에서, 지금 살고 있는 나무에서 내려가는 도중에 뱀이나 새 등의 표적이 되어 거기서 몸을 피하려는 경우, 흡반을 이용해 나무줄기에 달라붙어 이리저리 옮겨 다니다가는 도망칠 시간이 없다.

　그럴 때 날개구리는 공중으로 몸을 날려 네 다리를 활짝 펼치고 슈웅 떨어진다. 공중으로 몸을 던짐과 동시에 넓은 물갈퀴가 펴져 공기의 저항을 받아 배의 돛이 바람을 안고 가는 것처럼 되어 급격하게 낙하하는 것을 막는다. 이 개구리에게는 앞다리의 안쪽, 바깥쪽에도 크고 작은 반원형으로 펼쳐지는 날개막이 있다. 뒷다리의 관절 바깥쪽에도 꼬리날개처럼 날개막이 달려있어 떨어지는 속도를 늦추도록 몸을 유지해준다.

　그렇게 해서 날개구리는 나무 사이의 가지든 이웃 나무든 이것을 이용해 지상에 도달한다. 낙하선이 그리는 각도는 대부분 직각에 가깝고 약간 비스듬하다는 것뿐이다. 이런 사정이니 날개구리는 난다기보다도 낙하산을 타고 내려오는 듯하니 낙하산개구리라고 바꿔 부르는 쪽이 낫겠다.

다른 개구리나 도롱뇽붙이, 도롱뇽에도 물론 이런 특기를 가진 놈은 없다.

날개구리와 공중활주를 겨룰 수 있는 놈은 파충류이다.

첫 번째 선수는 날도마뱀으로 작으면 13센티미터, 커봤자 25센티미터에 달하는 도마뱀이다. 네 다리와는 별도로 몸통 좌우에 '접어 개키는 방식의 날개막'을 갖고 있다. 역시 나무 위 생활자로 평소에는 이 날개막을 부채처럼 접어 몸의 양옆구리에 붙이고 있어 눈에 잘 띄지 않는다. 그것이 막상 활공을 할라치면 쫙 펼쳐지고 색채까지 아름다운 나비처럼 변하여 나무에서 나무로 20미터나 날아간다. 정말 공중을 비행하는 도마뱀이라고 할 수 있다. 이동하려고 나는 한편, 날아서 곤충을 잡을 때도 있다. 착지도 아주 훌륭해 네 다리를 모으고 서서는 서서히 날개막을 접는다. 일단 접어버리면 파랑과 주황색 바탕에 검은 반점이 있는 아름다운 색채도 사라지고 나무줄기와 같은 색으로 돌아와 자신의 모습을 눈에 띄지 않게 한다.

도롱뇽붙이 중에도 날 수 있는 것이 있는데, 날도마뱀이나 날개구리와 똑같이 말레이 반도 등의 수풀에 생활하고 있다. 도롱뇽붙이는 날도롱뇽붙이라고 불리며 옆 배에 두터운 피부가 양쪽으로 삐져나와 있으며 머리, 앞발, 뒷발의 앞뒤에도 똑같은 날개막이 있고, 손가락 사이에도 물갈퀴 모양으로 날개막이 뻗어있다. 그래도 아직 부족했는지 꼬리에도 날개막이 있다. 그들 모두를 공중에서 펼쳐 45도 각도를 유지하면 상당히 먼 거리를 날아 이동할 수 있다. 날도롱뇽붙이의 경우는 날개막을 펼치거나 닫거나 하는 근육은 없고 공중으로 날아 올라갔을 때 공기압으로 자연스럽게 펴지는 것이라고 한다. 그런 점에서 날도롱뇽붙이는 날도마뱀보다 효율 면에서는 약간 떨어지는 반낙하산식인데, 그래도 날개구리보다는 효과적이라고 할 수 있다.

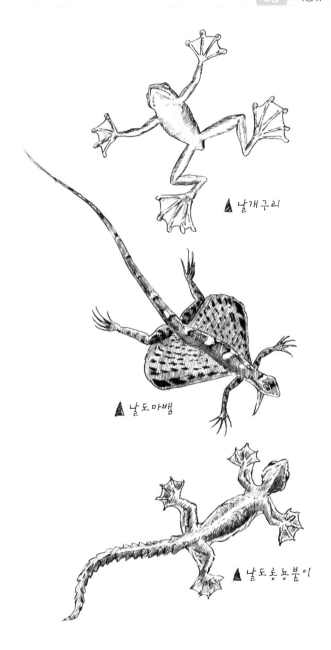

▲ 날개구리

▲ 날도마뱀

▲ 날도롱뇽붙이

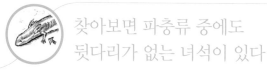
찾아보면 파충류 중에도
뒷다리가 없는 녀석이 있다

사이렌*Siren lacertina*은 북미남부의 연못이나 늪, 강처럼 흐름이 완만한 수역에 서식하는 양서류이다. 어느 정도 도롱뇽붙이에 가까운 느낌이 있지만 물이 얕은 곳에서 뱀장어처럼 몸을 구불구불 움직이면서 헤엄을 친다. 아무래도 꼬리만으로 헤엄치는 도롱뇽붙이와는 헤엄치는 법이 다른 느낌이다. 분류표에도 도롱뇽붙이과가 아니라 사이렌과로서 독립되어 있다.

그런데 사이렌에게는 뒷다리가 없다. 앞발뿐이다. 길이는 대강 90센티나 되면서, 앞발밖에 없는데도 조금도 부자유스러운 점 없이 활발하게 헤엄치고 물 바닥을 기어 다니며 다양한 수생동물을 먹는다. 드물게는 수생식물도 먹는다. 육상으로도 몸의 뒷부분 반을 질질 끌고 올라온다고 하는데, 사이렌은 실제로는 물 속 생활자로 뭍으로 올라가지 않고 구멍을 파서 그 안으로 기어들어가거나 하지도 않는다. 바깥 아가미가 3쌍 있어 수중호흡을 하는데, 폐호흡도 가능하다고 하는 꽤 쓸모 있는 녀석이기도 하다.

뒷다리가 없는 동물 종류는 사이렌 말고는 있을 리 없다고 생각했다면 착각이다. 동물계는 넓고도 넓다. 파충류 중에도 앞발밖에 없는 녀석이 있다. 지렁이도마뱀이다. 이것은 도마뱀 무리인데 보통 도마뱀들하고 관련이 적어, 지렁이도마뱀과*Amphisbaenidae*로 별도로 분류하고 있다. 이 과에 들어가는 것 중에는 다리가 하나도 없는 것도 있다. 그렇게 뱀도 지렁이도 아닌 녀석 중 하나를 암피스바에나 쌍두뱀라고 하는데 이놈이라면 나도 소년시절부터 기억하고 있다.

암피스바에나는 몸길이 35-40센티미터 정도의 검푸른 얼룩반점이 있는

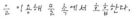

사이렌의 앞발. 뒷발은 없다.
그 위에 있는 머리털 같이 생긴 것
은 바깥아가미로 사이렌은 이 기관
을 이용해 물 속에서 호흡한다.

사이렌은 원래 전설의
반인반어(반인반조라는 설도 있음)를 말한다.

작은 뱀 같은 동물이다. 뱀과 다른 것은 꼬리 끝이 뾰족하지 않고 둥글게 끝나있는 것으로, 그 때문에 어느 쪽으로 걸어가는지 알 수 없어 학명도 '양끝으로 간다' 는 의미로 되어 있다.

물론, 잘 보면 어느 쪽이 머리인지는 알 수 있지만 암피스바에나는 개미 굴 속을 파고들어가 지하생활을 하고 있기 때문에 좀처럼 걷는 모습을 볼 수는 없다.

암피스바에나는 기아나, 브라질, 페루, 에콰도르 등 남미 각국에 분포하고 있다. 이 녀석과 가장 비슷한 것은 눈이 퇴화된 소경뱀 *Leptotyphlops humilis* 이다. 소경뱀이라면 닭장 바닥에 자주 나타나서 잘 알고 있는데, 회색이고 암피스바에나 같은 검푸른 얼룩반점이 없기 때문에 처음에는 완전히 닮았다는 생각은 들지 않았다.

지렁이도마뱀은 멕시코산으로 크기를 정확히 기록한 것이 없지만 20-30 센티미터 전후라고 생각된다. 지렁이 같은 가로줄이 들어간 몸이 꼬리 끝도 둥글게 마무리되어 있고, 머리는 갑자기 몸통에서 생겨난 것 같아 목이라고 할 만큼 잘록하게 들어간 부분은 없다. 그리고 머리 아래에 두껍고 짧은 앞발이 있다. 앞발이 꽤나 기능적이어서 발톱도 5개가 제대로 있고 지상을 기어 다닐 수도 있다. 뒷다리가 없는 몸 뒷부분 반은 똑바로 따라오는 것이 아니라 구불구불 하면서 따라간다.

손가락과 발톱은 주로 구멍을 파는데 이용된다. 흙이 부드러우면 발톱을 접어 몸에 붙이고 둥근 머리만을 좌우로 움직여 흙을 파들어간다. 그때만큼은 앞발도 필요 없는 것이다. 이런 이상한 습성 외에, 지렁이도마뱀의 몸 아래 면은 투명해서 밖에서도 혈관이 보인다고 하니 이상한 몸이라고 해야겠지만, 지렁이도마뱀도 암피스바에나도, 사이렌도 괴기스럽거나 흉측한 부분은 전혀 없다.

개구리에게는 정말 다양한 산란 습성이 있다. 그중에는 등을 구멍투성이로 만들어 그 안에 알이나 올챙이를 한 마리씩 넣어 기르는 개구리도 있고, 알과 올챙이 전용 연못을 만드는 개구리도 있고, 올챙이를 기르고 있던 물이 말라가면 등에 업어 물이 있는 곳까지 일일이 이사하는 개구리도 있다.

등을 구멍투성이로 만들어 그 안에 알을 넣어두는 것은 피파개구리*Pipa pipa*라는 남미산 개구리이다. 이 개구리가 번식기에 접어들면 수컷은 물 속에서 암컷의 허리를 감싸 안아 암컷이 낳은 알을 일단 배에 있는 벽 속에 받아둔다. 다음으로 이 알에 수정하면서 암컷의 등에 생긴 구멍 안에 하나씩 부착시킨다. 암컷은 그들 알이 올챙이가 되어 어린 개구리가 될 때까지 등에서 기르며 이윽고 물 속으로 내보내는 것이다.

그리고 보면 일본산도 산란기에는 볼 수 있으니 그리 이상한 습성은 아닌가 보다. 산청개구리는 거품 속에 산란을 한다. 즉, 나무 위에서 암컷 한 마리에 수많은 수컷이 포접해 분비한 점액을 뒷다리로 활발히 휘저으면 그것이 하얀 거품이 된다. 그 거품 속에 부착된 알은 올챙이가 되고나서 나무에서 떨어져 밑에 있는 연못 물에 들어가 헤엄을 친다. 이런 것들도 산란 때의 이상한 습성이라고 해도 좋다.

또 산파개구리*Alytes obstetricans*도 그중 하나인데, 이 개구리는 뒷다리의 발꿈치에 알 덩어리를 서로 엮어 붙여서 다닌다. 알이 마르면 죽어버리기 때문에 가끔씩 물에 적셔서 촉촉하게 한다. 이런 행동은 당연히 암컷이 하는 것이라고 생각해 산파개구리라고 이름 지었지만, 성별을 조사해보니 알 덩어리를 보호하고 지키고 때때로 촉촉하게 적셔주는 것은 다름 아닌 수컷이었다. 산파가 아니라 조산부인 것이다. 연한 녹회색에 5센티미터 크기의 개구리로 유럽의 중부와 서부에 산다. 구릉지를 좋아해서 구멍파는 개구리이기도 하며 밤의 개구리이기도 하다. 앞다리와 머리로 돌 아래에 구멍을 파고 낮 동안에는 그 안에 기어들어가 있다가 저녁이 되면 지상으로 나와 곤충을 찾아 먹는다.

이런 생태이기 때문에 번식행위도 밤에 지상에서 한다. 수컷은 우선 암컷 등에 올라타 목을 감싸 안는다. 그리고 뒷다리로 암컷의 몸에서 여러 개의 구슬처럼 연결된 알 덩어리를 끄집어내는 것이다. 끄집어내면서 자신의 정자를 알 덩어리 위에 끼얹고 알은 그때 수정된다. 전부 다 끄집어내 버리면 수컷은 그것을 한 덩어리로 만들어 뒷다리에 휘감는다. 알은 20개에서 60개정도로 각각 크기는 꽤 크지만 숫자는 적은 편이다. 수천 수백 개나 알을 낳는 두꺼비와 참개구리에 비하면 알의 수는 적고 처음부터 꽤 크다고 볼 수 있다. 그때부터 아버지의 정성어린 보호를 받고 자라는 셈이니 결국 올챙이의 사망률이 낮아지는 것이다.

2-3주 수컷 산파개구리는 그렇게 알 덩어리를 가지고 운반하고 있다. 그 후 알이 부화될 것처럼 보이면 물에 들어가 알에서 올챙이를 '방류'한다. 이때 산파개구리는 자신의 올챙이 외에는 다른 올챙이나 개구리가 없는 물웅덩이를 선택한다고 한다. 알이 전부 부화하면 수컷은 나머지 알 덩어리를 뒷다리로 비벼서 떨어뜨린다. 그 사이 암컷은 3-8월에 걸쳐 몇 번이나 다른 수컷을 찾아내서는 알 덩어리를 주어 기르게 한다.

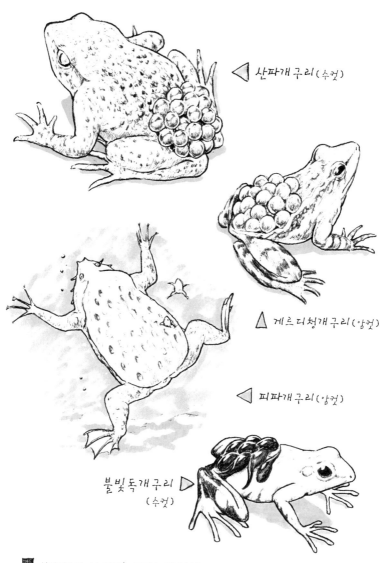

◁ 산파개구리 (수컷)

△ 게르디청개구리 (암컷)

◁ 피파개구리 (암컷)

불빛독개구리 ▷
(수컷)

■ 산파개구리 외 새끼를 지키는 개구리들

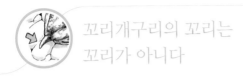

꼬리개구리의 꼬리는
꼬리가 아니다

꼬리개구리 *Ascaphus truei* 는 황록색의 도톨도톨한 표면이 있는 5센티미터 크기의 개구리로 북미 대륙의 북서부에서 서식한다. 어른 개구리가 되어서도 수컷에게는 꼬리처럼 뾰족한 돌기물이 있다. 개구리류를 꼬리 없는 목이라고 하는 것은 올챙이에서 개구리가 되면 반드시 꼬리가 없어지기 때문이다. 그렇다면 꼬리개구리 한 종류만이 예외인가 했더니, 그 돌기 부분은 꼬리가 아니었다. 그것은 배출구멍이 삐져나온 것으로 꼬리라기보다 성기에 가까운 기능을 하고 있는 것이다.

꼬리개구리는 생태도 특이해서 고산지대의 급류에 살고 있다. 급류의 바닥에서 수컷은 암컷을 찾아 헤엄쳐 다닌다. 암컷을 발견하면 수컷은 암컷의 허리 부분에 꽉 달라붙는다. 이것을 '포접'이라고 하며 개구리류의 특이한 성행동이다. 이렇게 꼬리개구리 수컷의 꼬리 모양 돌기에서 정자가 나와 암컷의 배출구멍 안으로 들어간다. 암컷의 몸 안에 있는 알에 이와 같은 방법으로 정자가 주어진다. 암컷은 이윽고 배출구멍으로부터 여러 개의 진주 형태로 연결된 알 덩어리를 낳는다. 알 덩어리는 점액으로 둘러싸여 있기 때문에 물살에 휩쓸리지 않고 물 속의 돌에 잘 부착된다. 이것이 꼬리개구리의 급류에 대한 적응이다.

알에서 태어난 올챙이 또한 이상한 녀석이어서 입에 커다란 흡반을 갖고 있으며 물 속의 바윗돌에 단단히 달라붙는다. 이것도 물살에 대한 적응형태다. 언제나 굉장한 소리를 내고 있는 거센 급류 속에 살고 있는 꼬리개구리는 폐도 퇴화되고 청각도 거의 없어 어차피 들리지도 않으니 울지도 않는다.

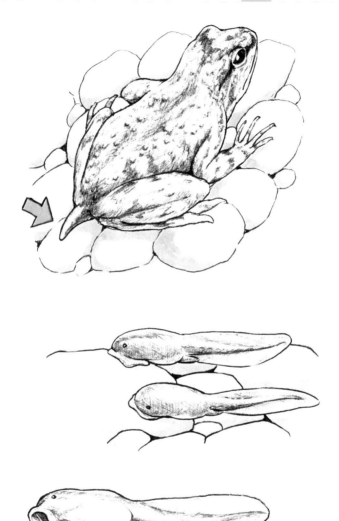

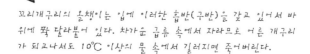

꼬리개구리의 올챙이는 입에 이러한 흡반(구반)을 갖고 있어서 바
위에 쫙 달라붙어 있다. 차가운 급류 속에서 자라므로 어른 개구리
가 되고나서도 10℃ 이상의 물 속에서 길러지면 죽어버린다.

학습도 좋지만,
자라보고 놀란 가슴 솥뚜껑보고 놀란다

미 플로리다의 아치볼드 생물연구소에서 링컨과 브라우어는 다음과 같은 실험을 하였다.

잠자리 한 마리를 두꺼비 *Bufo americanus* 에게 장난삼아 내보이자 두꺼비는 물론 주저하지 않고 그것을 먹었다. 다음으로 광대파리매를 보여주었다. 두꺼비는 이것도 아무런 망설임 없이 덥석 잡아먹었다. 계속해서 뒹벌을 주자 비슷한 것이라고 생각했는지 뒷다리로 날아오르는 것처럼 잡아채 이것도 덥석 물었다. 그런데 뒹벌에게 혀 근처를 콕 찔린 두꺼비는 기겁을 하고 다시 입을 벌려 뒹벌을 토해내 버렸다. 이 실험을 소개한 동물행동학자 니콜라스 틴베르겐 *Nikolaas Tinbergen* 은 '광대파리매 *Zosteria spec* 는 뒹벌을 닮아있지만 찌르는 능력은 없다'라고 설명하고 있는데 나는 한 가지 의문이 생겼다. 이 등에라는 것이 정말 광대파리매로 번역된 것이 맞을까? 광대파리매는 풍뎅이를 잡아 입기관으로 찔러 독액을 주사하여 약화시킨 후 끌고 가는데…… 입의 기관이 2개로 나뉘어 그 사이에서 다소 거품 같은 독액이 분비되어 우리 인간도 찔리면 꽤 아프다. 벌처럼 꼬리 끝의 독침으로 찌르는 것이 아니라 흡수용 뾰족한 입기관으로 찌른다는 차이가 있을 뿐이다. '찌르는 능력은 없'을 리가 없다. 두꺼비에게 삼켜지면 입 안에서 쿡 찔렀을 것이다. 뒹벌만큼은 아니라도 두꺼비는 깜짝 놀라 토해낼 정도의 충격을 받았을 것이다.

이것은 개인적인 의문인데 실험보고는 다음과 같이 계속된다.

뒹벌을 토해낸 두꺼비에게 또 한 마리의 뒹벌을 보여주었는데 두꺼비는

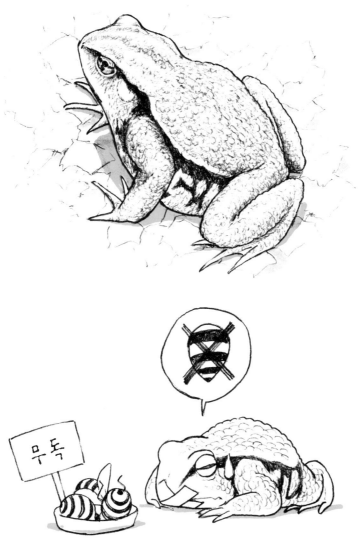

두꺼비는 무엇을 학습했을까? 뒝벌이 위험하다는 것을 배웠다. 그런데 벌과 닮은 등에까지 무서워서 먹지 못하게 되어버렸다.

머리를 낮추고 그것을 피하며 먹으려고 하지 않는다. 결국 두꺼비는 '교훈'을 얻은 것이다. 계속해서 또 광대파리매를 주었는데 두꺼비는 벌이라고 생각하고 역시 다가가지 않는다. 광대파리매의 의태는 성공했다.

잠시 후 다시 잠자리를 주자 두꺼비는 처음 장면과 똑같이 덥석 물었다. 이것으로 질린 것도 아니고 배가 충분히 부른 것도 아니라는 것을 알았다. 두꺼비는 먹어도 되는 것과 먹으면 안 되는 것을 구별하게 된 것이다.

이상이 두꺼비의 학습행동의 예이다. 광대파리매에 대한 의문은 일단 제쳐두고 두꺼비는 "자라보고 놀란 가슴 솥뚜껑보고 놀라는" 결과가 된 것이다.

두꺼비의 학습결과에 대해, 간신히 잡아먹히는 것을 면한 광대파리매의 입장에서 보자면, 등에는 뒝벌을 닮았기 때문에 감쪽같이 속여 살아남을 수 있었던 것이 된다.

사실 이것은 '의태'라는 것인데, 수많은 곤충들이 이 전략을 사용하고 있다. 자신은 위험하지 않는데도 위험한 곤충으로 보이도록 해 자기를 보존하고, 자손의 존속을 꾀하는 전략이다.

나는 코스타리카에서 작은 새 한 마리가 독나방을 부리로 덥석 붙잡았다가 웩 하고 토해내 버린 것을 보았다. 그 후 작은 새는 독나방에게 질려 두 번 다시 먹지 않았을 것이다. 그런데 독나방을 쏙 빼닮아 의태를 한 독이 없는 나방도 있다. 가짜 독나방을 보아도 작은 새는 하얗게 질려 기겁을 한다. 독이 없는 나방인데도 피하게 만드는 나방의 전략이 보기 좋게 성공한 것이다.

이 도롱뇽은 북아메리카의 대부분에 흔하게 분포하는 범도롱뇽*Ambystoma tigrinum*을 말한다. 작은 것은 15센티미터, 크면 25센티미터 정도가 된다. 암 갈색이나 검푸른 황토색에 호랑이 같은 황색의 불규칙한 얼룩무늬가 있어서 '호랑이무늬도롱뇽'이라고 명명되었다.

양서류라 반 수생일텐데 범도롱뇽은 다른 동물이 파놓은 습기가 많은 구멍에 파고들어 가는 경우가 잦고, 나무껍질이나 마른 나무, 바위 아래에 숨어 있기도 한다. 밤이 되면 활동하고 지렁이, 조개, 곤충에서부터 물고기, 개구리나 심지어 쥐를 먹는 것은 물론 서로 잡아먹는 짓도 아무렇지 않게 한다.

범도롱뇽은 11-2월에 걸쳐 비가 많은 계절에 고인 물 속에 산란한다. 유생은 10센티미터 정도로 성장하면 변태를 시작한다. 유생은 작고 새하얗고 좌우 3개씩 바깥아가미가 몸 밖으로 나와 있다. 변태 후에는 바깥아가미가 없어지고 몸 색이 진해진다.

이러한 범도롱뇽의 유생이 멕시코도롱뇽*Ambystoma mexicanum*이다.

멕시코도롱뇽은 이상하게도 범도롱뇽의 성체보다 커지는 경우가 있다. 수온이 낮다든가 요오드 부족이 원인인 것 같은데, 멕시코도롱뇽 중에는 27센티미터에 달하는 것도 있다.

그것뿐인가, 멕시코도롱뇽은 유생이자 올챙이이기 때문에 성적능력이 없을 것인데, 똑같은 멕시코도롱뇽 암컷과의 사이에 알주머니로 둘러싸인 알을 낳는 경우가 있다. 아이가 어른보다 크고 게다가 아이가 또 아이를 낳아버리는 것이다.

참으로 기묘하다. 차가운 물 속에 살고 있는 것이라든가 요오드 부족이 본능에 작용해서 빨리 자손을 남기도록 재촉하고 있는 것일까?

이러한 현상을 유형성숙 성체가 되어서도 여전히 어린 시절의 성질을 갖는 것 이라고 부른 다. 범도롱뇽 외에 도롱뇽붙이에 가까운 넥투루스 Necturus 는 호르몬의 이상 이 아니라 조직의 반응성이 결여되어 유형성숙을 한다. 양서류 이외에도 빗해파리류나 말미잘류에서 유형성숙이 보인다. 곤충도 어느 종류의 다족 류가 유충일 때 3쌍의 다리를 갖고, 그 시기에 유형성숙이 일어나 그것이 수평이동해 놀랍게 많은 종이 다양하게 전개된 것이라는 해석도 있다.

유형성숙을 인간에게 적용하면 바로 '조숙한 요즘 애들'이라든가 '젊 은 것들은 이상한 부분만 되바라져 싫다'는 이야기로 흘러가기 쉽다. 그런 데도 이 이야기는 그 정도의 저속하고 쓸모없는 이야기는 아니다. 예로부 터 인류전체의 발생에 관한 대 토론을 야기한 '인류태아화설 사람이 원숭이나 유 인원의 태아형으로 생겼다는 설'이라는 것이 있는데, 1920년대에 루이스 볼크 Louis Bolk 라는 학자가 제창한 것으로 시작되었다. 인류는 원숭이나 유인원보다도 먼저 진화한 형태를 갖고 있는 것은 아니다. 오히려 원숭이나 유인원의 태 아나 유아의 형태에 가까운 것이다. 그러한 어린 형태 그대로 진화해 성인 화 되었는지 그다지 턱이 돌출되어 있지 않고 몸에 비해 머리가 크다거나 털이 퇴화되어 성인이라 해도 몸이 털로 뒤덮여있지 않은 것은 모두 유아, 태아의 특징이 아닐까? 그런 경향이 정향진화 일정한 방향으로 진화를 거듭함에 의해 대를 거듭할 때마다 태아, 유아화가 진행되어 지금의 우리 인류에 이르렀 던 것이다. 이것이 인류의 기원을 유형성숙 현상으로 푸는 태아화설로 대 략 1970년경까지 그런 주제를 다룬 문헌에서 이 설을 언급하지 않은 것은 없었다.

▼ 멕시코도롱뇽 (우파루파, 멕시코살라만다)

범도롱뇽 ▼

○ 알에서 올챙이가 되어

○ 손발이 나오고

○ 어른이 된다.

○ 이 시점에서 변화가 멈춰 어른이 된 것이 멕시코도롱뇽

평생 잊지 못할
바실리스크와의 만남

야외에서의 동물 탐색에는 특히 운이 따라야 한다. 특정한 동물을 노려서 잡거나 TV 취재를 하는 경우 맨 먼저 도움이 되는 것은 전문적 지식, 그리고 발견하는데 운이 따르는가 하는 것이다. 결국 운이 따르지 않으면 며칠이 걸려도 수포로 돌아가 아무리 현지 사정에 밝다고 해도 성공으로는 이어지지 않는다.

나는 비교적 운이 따르는 사람인지 1978년 7월 코스타리카에서 TV 취재를 할 때도 운이 좋았다. 구름과 안개가 낀 숲에서 희귀조 애기비단날개새 *Violaceous trogon* 와 물 위를 달리는 도마뱀 바실리스크 *Basiliscus basiliscus* 를 취재하기 위한 여행에서 3일 동안에 양쪽 다 완벽하게 촬영할 수 있었던 것이다. 그 덕에 본부로부터 '코스타리카의 풍속 습관도 촬영하라!' 는 명령까지 떨어져 그것을 완수할 여유도 생겨났던 것이다.

그곳은 수풀이 우거진 대 밀림까지는 아니었지만 그것에 가까운 지역 안에 개척되어 세워진 레스트하우스 여행자의 휴게(숙박)소 같은 곳이었다. 그곳까지 도착하는 데에만 반나절이 걸렸지만, 가는 도중에는 멋진 절경도 있어 나무늘보, 악어, 오마키원숭이, 이구아나 등이 배 위에서도 훤히 보이는 그야말로 화려한 코스였다. 하우스 전체는 한산해서 미국인 낚시꾼 등이 몇 명만 머물고 있을 뿐이었다. 그래서 재빨리 각 스태프에게 먼저 방 배정을 해주고, 나는 외딴 숲 쪽으로 난 방을 배정받았다. 그리고 어슴프레한 저녁 무렵, 게다가 가랑비까지 부슬부슬 내리고 있었는데, 난간이 있는 베란다 앞, 물이 발목쯤 잠기는 지면 위를 저벅저벅 뛰어 건너가는 바실리스크를

 진짜 바실리스크
닭의 머리를 한 8개 발을 가진 도마뱀(용?)

보게된 것이니 첫날부터 운이 너무 잘 따른 것이다.

　　실제로 PD도 통역도 카메라맨도 "벌써 해낸 거야? 과연" "또야 또?" "하지만 벌써 지나가 버렸잖아!"라고 말하며 모두들 의아해 했다. 그래도 이런 악천후에서는 현장 로케 일정도 잡을 수 없으니 어쩔 수가 없었다. 그런 상황이라 무리를 해서라도 베란다에 카메라를 준비시켜 다시 기다릴 수 밖에 없었다.

　　물론 속으로는 나도 자신이 없었다. 그때 일어난 일은 운이 따랐다기보다도 약간 기적에 가깝다고 지금도 생각하고 있다. 그런데 바로 그때, 괴이한 모습을 한 바실리스크는 내가 처음 봤던 방향에서 다시 나타나 우리들이 있는 왼쪽에서 오른쪽으로 수면에 물결을 만들면서 저벅저벅 가로질러 갔던 것이다.

　　주변은 열대 식물로 뒤덮인 레스트하우스 뒤뜰 공터에서, 끊임없이 쏟아지는 비가 만든 수막 위로 몸길이 60-70센티미터 정도에 머리엔 뾰족한 관이 있고 등지느러미가 있으며 꼬리가 긴 도마뱀이 지나갔다. 카메라는 쉴 새 없이 돌았다. 꼬리는 비스듬히 위로 올라가 있고, 앞다리는 구부려 가슴 아래로 내리고 긴 뒷다리로 물을 차내며 몸 전체를 비스듬히 기울여 달리는 것이다. 결코 물 속으로 발을 집어넣고 있지는 않았다. 그렇다고 헤엄치고 있는 것도 아니다. 한쪽 발이 물에 잠기지 않고 떠있는 동안, 또 다른쪽 발이 재빨리 수면을 찬다. 물결은 서로 다르게 생기고 '저벅저벅'이라기보다도 정확히 말하면 '첨벙첨벙'이라고 해야 할 정도로 물을 튀기며 걸어간다. 봤으니 믿는 것이지만 화면으로만 보았다면 컴퓨터 그래픽이라고 생각하지 않았을까? 체중이 있는데 얕은 물 바닥에 발을 붙이지 않고 달리는 것이다!

　　물론 그때 딱 한 번뿐, 바실리스크는 더 이상 나타나지는 않았다.

제 4 장

어류 편

바다에는 날치를 시시때때로 노리는
포식자가 있다

나는 젊은 시절 남미에서 7년을 보내고 그 후 귀국했는데 갈 때도 돌아올 때도 배로 이동했다. 지구상에서 가장 긴 항로 중 하나[33일]였으며 그 배 위에서 종종 날치를 목격했는데 해안에서 목격했던 적은 없다.

날치 *Prognichthys agoo* 는 아무래도 바다 위가 거칠어지거나 비가 내릴 때 자주 모습을 드러내는 것 같다. 요트나 보트에 뛰어들었다는 이야기도 있는데 나는 아직까지 경험해보지는 못했다. 바다가 고요하고 잔잔할 때 날치가 날아가는 것을 한가롭게 바라다보았다는 것은 아무래도 정말인 것 같지가 않다. 대개 파도가 거칠 때 높은 갑판이나 배의 창문을 통해 볼 수 있다. 정확히 확인하기는 어렵지만 우선 수면을 쏜살같이 헤엄치고 꼬리지느러미를 심하게 흔들어서 바다 위로 도약하는 것 같다. 도약함과 동시에 길고 커다란 가슴지느러미를 날개처럼 펼쳐 한참동안 해면을 활주한다. 휙- 하고 지나간 자리가 남는 경우도 있는데 그 흔적은 금방 사라져버린다.

활주 중에 배지느러미도 쫙 편다. 날치는 가슴과 배지느러미를 펴서 바람을 타고 공중을 날기 시작한다. 보고 있으면 앞뒤로 몇 마리나 날아오르는 경우도 있고, 한 마리뿐인 경우도 있다. 유유히 방향을 바꿀 수도 있고, 위로 솟아오를 때도 있고, 파도를 가르는 경우도 있는데, 30-40초 동안 날기도 한다. 방향은 반드시 바람 위를 향하고 있다. 활주가 다 끝나고 뛰어들 때는 희미하게 물보라가 인다. 그 높이는 해면에서 6미터에 이르는 경우도 있고, 내려가려다 거대한 파도에 부딪치면 그대로 파도 속으로 잠겨버릴 때도 있었다. 나는 한참 동안의 관찰을 마치고 날치의 뒤를 쫓아오는 놈

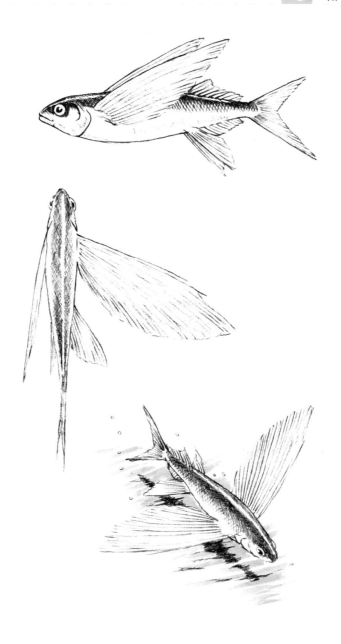

은 없을까, 날고 있을 때 물 위로 튀어나와 날치를 물고 늘어지는 놈은 없을까, 특히 날치가 뛰어 들어가자마자 기다렸다는 듯이 꿀꺽 집어삼키는 녀석은 없을까 주의를 기울였다.

어류학자들은 '날치는 왜 바다 위로 튀어오를까'에 대한 의문에 '적의 위협으로부터 피하기 위해서이거나, 단순한 장난에 지나지 않는다고 생각될 때도 있다'고 일관되게 대답하기 때문이다.

옛날부터 유명한 추격자로서 바닷속 스피드 왕 돌고래가 있다. 돌고래는 날치를 쫓아가 먹고, 때로는 바다 위로 날아 피하는 날치를 바닷속에서 미리 잠수하고 있다가 뛰어드는 곳에서 기다리는 기발한 행동을 한다고 전해지고 있다. 또한 날치가 물 위를 날고 있는 동안 바닷속에서 튀어나와 덥석 잡아먹는 놈은 80센티미터나 되는 몸에 이마가 툭 튀어나온 물고기 '만새기 *Coryphaena hippurus linnaeus*'이다.

만새기는 바다의 표층 가까이서 헤엄치는 멸치나 정어리, 쥐치 등을 노리고 잡아 먹는데 특히나 날치를 먹을 때는 너무나 훌륭하고 재빠른 솜씨를 발휘한다고 한다.

그러면 돌고래나 만새기에 대한 화제는 소문에 지나지 않았던 걸까? 날치의 공중비행은 단순한 '놀이'에 불과할까? 놀이를 할 줄 아는 동물은 예외 없이 지능이 높다. 그렇다면 날치는 꽤 머리가 좋은 물고기일까? 여러 책들에 쓰여 있는 것과 완전히 빗나가 있었던 것은 날치가 바다 위에서 날갯짓을 하는 것이었다. 책에는 '반드시 날갯짓을 하지 않는다, 앞지느러미를 움직이는 근육이 없다'고 쓰여 있는데 나는 날치가 팔랑팔랑 날갯짓을 하는 것을 몇 번이나 보았다. 바람이 세서 앞지느러미가 펄럭인 건지도 모르겠지만 그렇다고 해도 날갯짓으로 보이는 건 어쩔 수 없다.

초롱아귀의 남편은
아내의 숙주로 사는 운명

아귀 *Lophius piscatorious* 의 생태기는 진괴기담의 보따리이다.

속된 말로 '아귀 매달아놓고 자르기'라고 해서 아귀 중에는 어딘가 수직으로 걸어두고 조리하지 않으면 안될 정도로 커다란 녀석이 있다. 게다가 입이 옆으로 갈라져 있고 거기에 엄청나게 크고 날카로운 이가 제멋대로 나 있다. 그 큰 입으로 바다 위로 낮게 날고 있는 갈매기를 통째로 덥석 삼킨 아귀가 있다고 한다. 바로 직후에 아귀를 죽여 입을 벌려보자, 갈매기는 정말 통째로 삼켜져 날갯죽지 밑에 부리를 찔러 넣고 잠들어 있는 자세로 있었다고 한다.

아귀는 저생어 물 밑바닥이나 밑바닥 가까이에 사는 물고기, 그것도 심해어 深海魚 라고 해도 좋을 정도로 깊은 암흑 해저에 꼼짝 않고 지내는 것으로 알고 있는데 갈매기를 통째로 삼킨 사건은 아무래도 믿기지 않는다.

그러나 아귀가 드물게는 해면 가까이로 헤엄쳐 올라오는 경우도 있을 거라고 가정해 본다면 '갈매기 같은 커다란 놈을 과연'이라는 의문에는 답할 수도 있을 것 같다. 아귀 중에는 자신의 몸길이 60센티미터 보다 15센티미터나 긴 붕장어를 통째로 삼킨 예도 있기 때문이다.

또한 아귀는 가슴지느러미로 해저에 홈을 만들어 그 안에 반쯤 몸을 묻고 자신의 몸도 주변의 색과 조화를 시킨다. 이 뛰어난 의태는 넙치나 가자미보다 뛰어나면 뛰어났지 못하지 않다고 평가된다. 또한 아귀는 등지느러미가 변화해서 생긴 '안테나' 또는 '낚싯대'를 갖고 있다. 해저에 숨어있을 때, 다른 물고기가 지나가면 안테나를 세워 미묘하게 흔들어 움직인다.

안테나 끝에는 에스카라고 해서 부풀어 있는 부분이 있고, 끈 모양의 부속물이 몇 개나 붙어 있어, 이것을 흔들어 움직이면 먹이처럼 보여 물고기들이 손쉽게 걸려든다.

이때 아귀는 재빨리 안테나를 내리고 큰 입을 벌려 물고기들을 통째로 삼킨다. 과연 낚시질로 물고기를 잡는 것이며 아귀가 사용한 것이 낚싯대인 것이다.

초롱아귀 *Himantolophus groenlandicus* 에 이르러 괴상한 물고기 아귀의 기이한 행태는 극점에 달한다. 초롱아귀라는 이름대로 아귀가 사용하는 안테나는 전등 같아서 랜턴이라고 불린다. 초롱아귀의 에스카에는 발광기관이 달려 있어 해저에서 랜턴에 불을 밝혀 그것으로 물고기들을 유혹한다.

초롱아귀의 암컷도 60센티미터는 되는데, 몸의 후미에 작은 기생충이 붙어 있는 경우가 있다. 그것은 5센티미터밖에 안되며 암컷의 몸을 물어 유합 피부나 근육 등이 아물어 붙어 한 살이 됨해 암컷한테서 영양을 보급 받고 있다. 과연 기생충같아서 옛날 학자들도 그렇게 단정했는데, 사실 그 작은 물고기 같은 녀석은 초롱아귀의 수컷으로 암컷의 분명한 남편이었다. 그의 몸 안은 정소로 가득 차 있고 그것 외에는 아무것도 없다!

수컷 초롱아귀는 '60센티미터의 아내에 5센티미터밖에 안 되는 남편'이라고 하니 동물기담에 오르내릴만 한데, 아무리 작아도 남자의 의무는 다해야 하고 암컷 또한 아무리 잘났어도 여자의 의무는 소홀할 수 없다고 한다면 크기 같은 것은 그리 문제가 아니다. 여기서 말하는 의무란 번식의 의무를 말한다. 동물은 번식행위를 힘겹게 여기는 놈도 없지만 의무라는 관념 자체도 없다. 그리고 수컷을 더 작게 줄일 수 없는 형태라고 한다면 그것은 '정소'가 아닐까? 그것을 수용할 크기는 5센티미터면 충분하지 않을까?

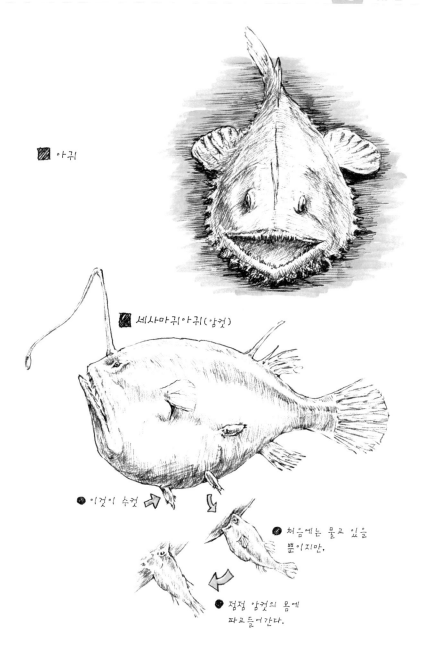

■ 아귀

■ 세사마귀아귀(암컷)

● 이것이 수컷

● 처음에는 물고 있을 뿐이지만,

● 점점 암컷의 몸에 파고들어간다.

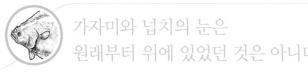

가자미와 넙치의 눈은
원래부터 위에 있었던 것은 아니다

가자미 *Righteye flounders* 나 넙치 *Paralichthys olivaceus* 는 모두 두 눈이 머리 한쪽으로 몰려 있다. 누구나 먹어본 적이 있으니 알고 있겠지만, 뒤집어 보면 거기에는 눈이 없다. 수족관에서 넙치나 가자미가 헤엄치고 있는 모습을 보면 눈이 있는 쪽을 위로 하고 입이 몹시 비뚤어져 있는 것 같아서 정말 이상해 보인다. 이 물고기를 눈이 없는 뒤쪽을 밑으로 해 탁상에 올려놓았을 때 머리가 왼쪽으로 오는 것이 넙치이고 오른쪽으로 오는 것은 가자미이다. 이것을 좌넙치 우가자미라고 하는데 드물게는 넙치인데도 오른쪽으로, 가자미인데도 왼쪽으로 머리가 오는 경우가 있기도 하다.

이들 저생어는 알에서 태어난 어린 물고기 때부터 넙치라면 왼쪽, 가자미라면 오른쪽에 눈이 2개 모두 치우쳐있는 것 같은데 꼭 그렇지는 않다. 가자미의 경우 1회 산란량이 40-50만 개 정도이며 각각 분리되어 표층에 떠있다분리부성란. 2, 3일 만에 부화해 어린 물고기가 되는데 그때는 다른 정상적인 물고기들과 똑같이 눈이 머리 양쪽에 하나씩 있다. 당분간 이 1센티미터도 안 되는 어린 물고기는 바다의 상층부나 중간층을 헤엄치다가 그 후 해저로 내려가서 몸을 옆 방향으로 '눕히는 형태'로 바뀐다. 저생어가 되기 시작하는 것이다. 그 무렵부터 가자미의 눈 중 하나가 머리 등쪽을 돌아 이동하기 시작한다. 몸도 평평해져 1센티미터 반 정도 되면 몸을 세워 헤엄치는 것도 못하게 된다. 이렇게 해서 가자미의 어린 물고기는 4센티미터정도 성장한 시기가 되면 한쪽 눈은 이미 다른쪽 눈의 위쪽에 위치해 변태가 완료된다. 넙치는 이와 반대로 눈이 이동하는 것이다.

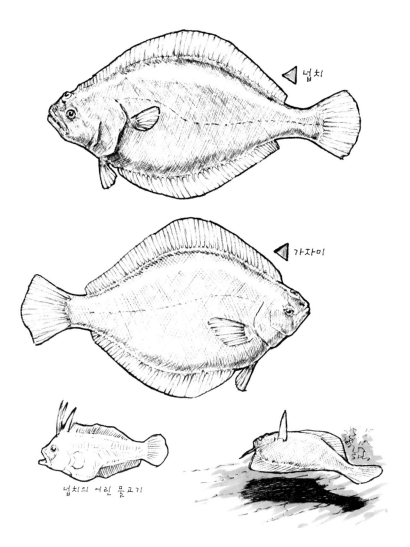

넙치

가자미

넙치의 어린 물고기

가자미도 넙치도 어린 물고기일 때는 눈이 머리의 좌우에 있는데 어린 물고기 시절의 어느 시기부터인가 눈 하나가 위쪽으로 이동하고 변태를 거쳐 또 한쪽 눈 위에 위치하게 되며 몸은 평평하고 한쪽에는 눈이 없는 형태가 된다.

가자미목의 물고기들이 생후 한참 동안 머리 양쪽에 하나씩 눈을 갖고 있는 것은, 그들이 몸을 세로로 하고 헤엄을 치며 해저에 엎드려 생활하지 않는 다른 물고기로부터 진화한 것을 말하고 있다. 그래서 어린 물고기일 때는 몸도 세로로 세워 활발히 물 표면층과 중간층을 헤엄치고 다니는 것이다. 그러는 사이 해저에 납작 엎드려 움직임은 적지만 음식물을 충분히 얻을 수 있는 효과적인 생활에 대한 요구가 생겨났다.

이 요구가 옳았던 것은 결과로도 알 수 있다. 스테놀랩가자미 *Hippoglossus stenolepis* 처럼 대형화된 것도 있어, 해저에는 갯지렁이 같은 다모류가 많은데 그것들은 쳐다보지도 않는 넙치도 있다. 해저에 엎드려 있기 때문에 모래나 진흙 속에 많이 있는 갯지렁이류가 제일 잡기 쉽다고 생각되는데, 넙치는 멸치나 까나리 같은 어류만을 노리고 먹는다. 넙치의 위 속 내용물 검사를 해보았더니 그 비율이 90%였다는 것을 보면 알 수 있다. 또한 넙치는 새우, 갯가재, 크릴 등도 대부분 먹지 않는다. 이렇게 음식물을 기호대로 선택하는 것은 생활이 원만하다는 표시다.

눈 2개가 모두 몸 한쪽으로 이동해 '눈이 없는 쪽'과 '눈이 있는 쪽'이 생기고, 그에 따라 저생어의 생활을 하게 된 것이 넙치, 가자미류의 성장에 어떤 영향을 미친 것일까? 넙치나 가자미류는 어린 시기에는 암수의 크기도 숫자도 같은데, 성장하고 나면 암컷이 우세하고 수컷이 열세해진다. 같은 나이라도 크기가 5센티미터 차이가 나며, 한때 수컷 쪽이 많은 시기도 있지만, 충분히 나이를 먹으면 대부분 암컷만 남게 된다. 물가자미의 경우는 3년어 중 암컷이 59%에 달하고 4년이 지나면 암컷들뿐이다. 그래도 홍가자미 *Hippoglossoides dubius* 에서 나타나듯 수컷의 성장이 훨씬 느린 것도 있어, 실질적인 성비는 1대 1의 비율에 가깝다.

보트를 뚫을 만큼
강한 창을 가진 청새치

동물학자 제임스 그레이 James S. Gray 는 저서 《동물의 운동》에서 매우 튼튼한 보트 갑판에 몸의 반 정도를 쿡 찔러 넣고 있는 무시무시한 청새치 Tetrapturus audax 의 사진을 싣고 있다. 몸무게는 270킬로그램이나 청새치로서는 최대급이 아니다. 청새치가 시속 16킬로미터로 바닷속을 헤엄치며 보트의 옆구리에 격돌했다고 하면, 입술부분의 창으로 꿰뚫을 때 3분의 1톤의 힘이 가해진다고 그레이 교수는 말한다. 나아가 이 보트가 청새치와 반대방향으로 같은 시속 16킬로미터로 돌진한 것이라고 하면 청새치의 창끝에 가해지는 힘은 4톤 반이나 된다.

청새치는 한순간에 그만한 힘을 발휘해 구멍을 뚫어가며 자신의 몸을 반 가까이나 집어넣었던 것이다. 사진을 잘 보니 청새치의 창은 보트의 반대쪽 갑판도 거의 꿰뚫으려다 겨우 멈추어 있었다.

정말 입이 다물어지지 않을 만큼 찌르는 힘이 대단하다. 청새치가 영어로 swordfish라고 불리는 것도 무리는 아니다. 극히 부실한 설명밖에는 없는 어류학 문헌에도 "이 입술 돌출부로 작은 배를 찔러 뚫어 배 안의 어부를 죽인 적이 있다"고 서술하고 있다. 어느 작가의 글에도 '검劍 물고기'라 하여 배 위에 있던 남녀 중 여자를 느닷없이 나타난 청새치가 찔러버리는 대목이 있다. 또 다른 작가의 해저모험소설에서는 무거운 잠수복에 잠수헬멧을 쓴 주인공이 바닷속에서 '10피트의 검 물고기'라는 굉장히 용맹스러운 물고기에게 습격당한다. 삽화를 보면 꼬리지느러미가 높은 돛새치 Istiophorus platypterus 이다. 10피트라고 하면 약 3미터인데 청새치 중 큰 것이라면 그 정도로 소란을 떨 일도 아니다. 길이가 4미터 반, 몸무게가 450킬로그램이나 되는 것도 있으니 말이다.

청새치가 언제나 빠른 속도로 헤엄을 치고 있는 것은 아니다. 때때로 거친 바다에서 파도 사이를 뚫고 등지느러미를 곧추 세우면서 유유히 나아가거나 간혹 꼼짝 않고 떠있기도 한다. 하지만 만약 트롤링 낚시의 가짜먹이 갈고리에라도 걸리면 시속 16킬로미터를 훌쩍 넘어, 65-80킬로미터의 속도를 내며 대양 위를 질주할 것이다. 어부가 이 용맹스런 물고기를 쫓는 경우는 파도 사이를 유유히 나아가고 있거나 정지하고 있는 시점을 노려 작살로 잡는 경우이다. 그래서 청새치 어선을 '작살배'라고 하며, 드물게는 청새치가 반격하거나 배를 두 번 세 번 뛰어넘는 적도 있다고 한다. 듣기에는 모험 같지만, 400킬로그램이나 되는 맛있는 청새치가 손에 들어오는 것이니 충분히 애쓴 보람이 있다. 놀이삼아 하는 트롤링 낚시에서는 청새치가 갈고리에 걸리면 바다 위로 힘차게 뛰어오르고, 갈고리가 입 근처에 걸린 경우에는 튀어 올라 몸을 회전하며 떨어져 그것을 빼내려는 청새치와의 결투가 시작되는 것이어서 목적은 완전히 달라지는 것이다.

청새치의 창 또는 검은, 어린 물고기 때부터 있는 것이 아니라 성장함에 따라 길게 뻗어간다. 그 끝은 결코 창처럼 날카롭지는 않다. 돌진하는 힘으로 찔러 뚫는 것이다. 그러나 평소에는 블랙스왈로워 *Pseudoscopelus scriptus sagamianus*, 통치 *Rexea prometheoides*, 돗란도어 *Alepisarus ferox*, 어느 해역에서는 꽁치, 정어리를 단지 집어삼킬 뿐 찔러서 먹는 것은 아닌 것 같다. 간혹 상어와 결투하는 청새치를 보았다는 이야기도 있는데, 1대 1로 싸우면 과연 어느 쪽이 이길지 판정내리기 쉽지 않을 것 같다.

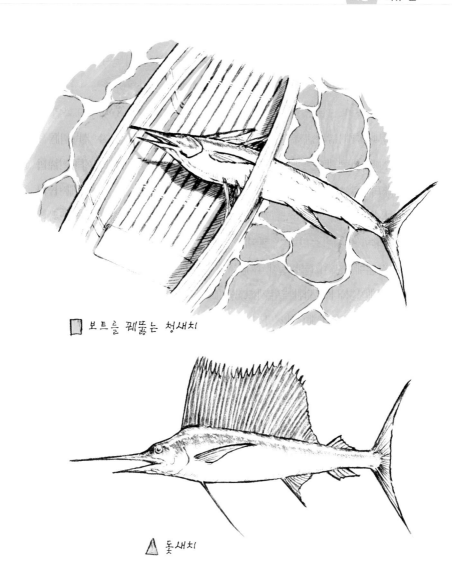

■ 보트를 꿰뚫는 청새치

▲ 돛새치

돛새치는 태평양 열대해역에 많이 분포한다.
먼 바다보다도 연안에 많다. 돛새치는 여름이 제철이라 그 밖의 계절
에는 청새치의 맛에 뒤떨어진다고 한다.

155

아빠는 엄마보다 더 정교하고
치밀한 육아낭을 갖고 있다

해마*Hippocampus coronatus*는 몸을 세워 꼿꼿이 서있고 꼬리를 해초에 휘감는 다든지, 말처럼 생긴 머리 부분을 보면 정말 물고기라는 생각은 들지 않는 다. 그러나 분명 물고기다. 그것과 가까운 관련이 있는 종으로 '실고기*Syngnathus schlegeli*'라는 것이 있는데, 그것이 그룹을 대표해서 실고기목으로 분류되고 있다.

대부분의 해마는 해안 가까운 해초밭이나 암석이 많은 산호초 지대에서 서식한다. 해초가 우거진 곳이나 자유롭게 떠다니는 해조류 사이에서 해마를 볼 수 있다. 노란색, 주황색, 갈색, 검정색, 반점이 있는 것 등 색채가 매우 풍부하게 변한다. 튀어나온 입으로 진공 청소기가 빨아들이듯 동물성 플랑크톤을 쭉 빨아들여 먹는다. 어린 물고기는 식욕이 넘쳐서 사육할 때 보면 브라인슈림프*brine shrimp* 유생을 3,000마리 이상 먹고, 줘도 줘도 계속 먹어댄다.

문제는 어린 물고기이다. 해마의 어린 물고기는 어디서 태어났을까? 아빠, 결국 수컷 해마의 배에서 나온 것이다. 수컷 해마의 아랫배에는 꼬리 부분의 6개 체절마디에 걸쳐 육아낭이 발달해 있다. 육아낭은 약간 타원형의 공 모양으로 되어 있으며, 앞 끝의 중간 부분이 약간 들어가 있다. 그 들어간 부분의 안쪽 깊숙이 균열이 있다. 어린 물고기를 낳을 때 이 균열이 좌우로 열리는 정교하고 치밀한 구조로 되어 있다.

육아낭 안에 해마의 알이 가득 들어 있어서 그것이 부화한 것인데, 그 알은 정말 수컷이 낳은 것은 아니다. 암컷이 낳아 그것을 수컷의 육아낭 안으

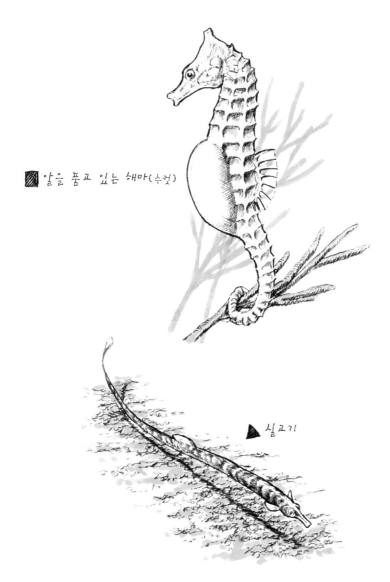

알을 품고 있는 해마(수컷)

▶ 실고기

실고기는 해마와 달리 몸을 눕혀 헤엄친다.
그러나 역시 수컷의 배부분에 육아낭이 있어 암컷이 그 안에 산란한다.

로 옮겨 넣은 것이다. 수컷은 그것을 받아들여 수정하는 것으로 생각된다.

암컷은 그후로는 모르는 척을 하고 이후에는 수컷이 수정란을 유지한다.

이윽고 출산의 시기가 임박하면, 그 전에는 '소라 껍데기 같은 곳에 꼬리를 휘감고 서서, 그 껍데기가 불룩하게 나온 곳에 육아낭을 밀어 넣어 후후 불어내는 것처럼 어린 물고기를 방출한다'고 전해진다.

하지만 아무래도 이것은 틀린 것 같다. 지금의 전문서들에 의하면 출산 시기가 임박한 해마 수컷은 해초에 꼬리를 휘감고 몸을 빈번하게 앞뒤로 구부렸다 뺐고, 구부렸다가 뺐는다. 정말 진통을 하는 것 같은데, 그렇게 하면 육아낭이 압박되기 때문에 순식간에 안쪽 균열이 열려 어린 물고기가 튕겨 나오듯이 나오게 된다. 우선 꼬리 끝이 미끄러져 나오고 7초에서 10초 정도 지나면 전체가 바다 속에 드러난다.

어린 물고기들은 차례차례 출산되는데, 한참 쉬었다가 또 30분 정도 지나면 차례차례 태어난다. 이것이 진짜 출산법이다.

태어난 해마의 어린 물고기는 대부분 몸을 곧추 세우고 미끄러지듯이 헤엄치며 해초에 도달하면 재빨리 그것에 꼬리를 휘감고 정지한다. 이때 어린 물고기의 크기는 9밀리미터 정도이다. 암컷과 마찬가지로 수컷도 '탄생의 고통'을 겪는 것처럼은 보이지만 태어나는 새끼들에게는 아무 관심도 보이지 않는다. 앞으로 무사히 자라나갈 수 있도록 배려하는 것이라고는 전혀 없다.

플랑크톤 먹고 거대해진
고래상어

세계에서 가장 거대한 물고기는 예상대로 무한히 넓고 깊은 바다에 있다. 대륙을 횡단하는 장대한 강이라고 해도 담수역에는 한계가 있어 그렇게 마구 무턱대고 커지지는 않는 것이다.

그래도 굳이 세계 최대 담수어는 무엇인가 라고 물으면, 그것은 아마존 수계에 사는 피라루크 *Arapaima gigas* 이다. 옛날에는 '대괴어 아라파이머' 등으로 쓰여 카누를 물어뜯거나 사람을 덮치는 것으로 여겨졌는데, 아마존에서는 피라루크는 조금도 무섭지 않다는 것이 이미 알려져 있었다. 오히려 거침없이 어획해서 먹고 있었다. 노란색의 육질이 치밀한 고기를 얻을 수 있고 약간 연어 비슷한 맛이 난다. 꽤 훌륭한 물고기인데, 시장에 듬성듬성 진열되어 있기라도 하면 주변으로 거대한 바퀴벌레들이 와글와글 몰려들어 그리 유쾌한 광경은 아니다. 피라루크의 몸길이는 4미터 50센티미터나 되는 것이 있다. 비늘 한 장을 구두주걱 대신으로 쓸 수도 있다. 근래, 관상어로 사랑 받고 있는 열대어 아로와나 *Osteoglossum bicirrhosum* 는 이 피라루크 무리이다.

그런데 담수어 중의 최대종은 거대 메기 자우 *Paulicea lutkens* 라는 반론이 있다. 피라루크는 길이는 길지만 무게는 수십 킬로그램이라는 것이다.

어느 쪽이 됐든 담수어는 해수어의 크기를 따라갈 수가 없다. 해양에는 4미터 50센티미터가 넘는 물고기가 얼마든지 있기 때문이다. 그 중에서 가장 거대하다고 정평이 나있는 것은 고래상어 *Rhincodon typus* 이다. 해수 수족관에서 전시하고 있는 것도 있으니 실물을 본 사람들도 적지 않을 것이다.

'고래대형상어'라고 부르는 사람도 있었지만, 실물도 입이 옆으로 넓고, 이빨은 쌀알정도로 퇴화해 고래수염을 닮은 아가미빗鰓耙이라는 것을 갖추고 있어 그 점에서도 고래와 비슷한 것이다. 전체 길이가 무려 15−18미터로 옛날에는 20미터 이상이나 된다고 알려졌었다. 18미터라고 해도 고래에게 비길만하다. 대개 고래는 18미터 이하이다.

고래상어는 수염 같은 기관을 이용해 해수와 함께 큰 입 속에 집어삼킨 플랑크톤을 걸러내 먹고 있다. 이런 먹이 채취법도 긴수염고래나 흑고래와 똑같아 고래상어는 정말 '고래화된 물고기'라고 해도 좋다.

고래상어 다음으로 큰 것은 곱상어 *Cetorhinus maximus* 로 8미터, 그 중에서도 큰 것은 13미터 50센티미터로 역시 수염 같은 것을 갖고 플랑크톤을 해수로부터 여과해서 먹는다. 그런 목적으로 곱상어는 입을 벌린 채 헤엄치고 있어서 어느 틈엔가 바보상어라는 별명까지 붙어버렸다.

곱상어도 고래상어도 모두 상어이지만 청상아리 *Isurus oxyrinchus*, 흉상어 *Carcharhinus plumbeus*, 귀상어 *Sphyrna zygaena* 같은 위험한 공격성이나 포식성은 보이지 않는다. 그리고 이들 위험한 육식어들은 그다지 거대해지지는 않는다. 고래상어는 '가장 작은 것을 먹는 가장 큰 물고기'로 일컬어지며 언제나 느리고 유유하게 헤엄치며 때때로 떠있는 상태로 계속 머물러 있기도 한다. 그러한 생활이 매우 굶주려 걸신들린 듯한 한입상어보다는 훨씬 많아지는 것이다.

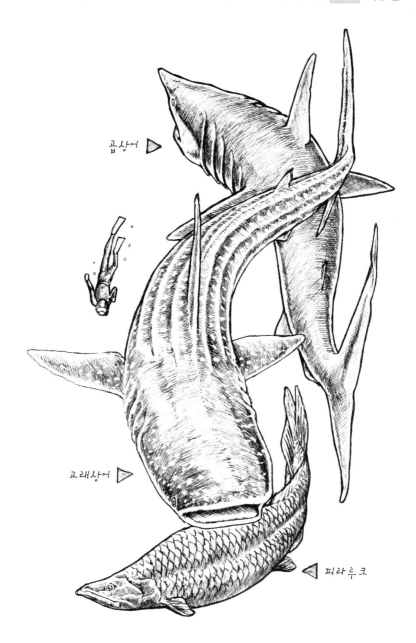

곱상어 ▷

고래상어 ▷

◁ 피라루크

그것은 엄밀히 말해
송사리는 아니다

물론 세계에서 가장 작은 물고기라고 하면 보통 송사리 *Oryzias latipes*라고 대답해도 틀린 것은 아니다.

하지만 송사리 외에 세계 최소 물고기가 있다면 그 물고기도 송사리와 인연이 가까워 송사리목으로 분류된다. 그래서 '보통은' 송사리라고 말해도 좋겠지만, 모기고기 *Gambusia affinis*를 대표종으로 하는 플라티 *Xiphophorus maculatus*라는 모기고기목 물고기가 있다. 열대어 애호가라면 잘 알고 있을 것이다. 모기고기목에서 보듯 모기고기는 송사리목이 아니다.

모기고기의 등지느러미는 송사리보다 앞쪽에 있고, 길이도 송사리보다 길다. 배지느러미도 가늘고 긴데다 꼬리지느러미도 둥글다.

따라서 모기고기가 세계에서 가장 작은 물고기가 되었다. 북미와 멕시코가 원산지로 일찍이 신문지상에 판다카 피그미 *Pandaka pygmaea*라는 이름으로 소개된 적이 있다. 모기고기 모기화살라는 이름에서 나타나 있는 것처럼 이 물고기는 작으면서 모기 유충, 즉 장구벌레를 '근절한다'고 해도 좋을 정도로 잘 먹어서, 모기의 해를 줄이기 위해 북미에서 동남아시아, 세계 각지로 이식되었다. 문제는 그 크기이다. 모기고기의 암컷은 3.6센티미터, 가끔은 4센티미터 정도는 된다고 하는데, 수컷은 2.2센티미터밖에 안 될 정도로 작다. 송사리도 크면 4센티미터에 달하지만 평균적으로는 3센티미터로 모기고기의 수컷보다 8밀리미터나 크다. 그래서 어림잡아 송사리의 평균 크기보다 모기고기 수컷이 더 작아 세계 최소라고 해도 좋은 것이다.

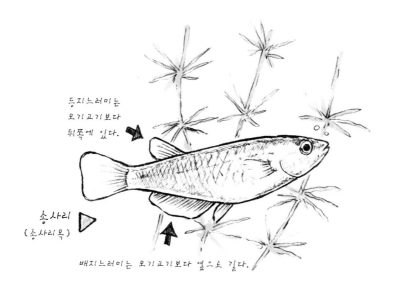

등지느러미는
모기고기보다
뒤쪽에 있다.

송사리
(송사리목)

배지느러미는 모기고기보다 옆으로 길다.

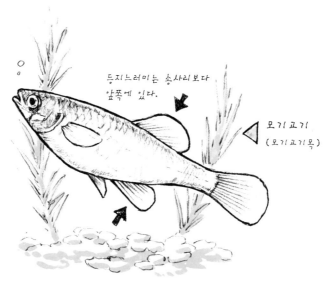

등지느러미는 송사리보다
앞쪽에 있다.

모기고기
(모기고기목)

배지느러미는 송사리보다 가늘고 길다.

빨판 같은 입을 이용해
암벽을 등반하는 메기

메기*Silurus asotus* 무리는 다른 물고기의 아가미에서 혈액을 빨아먹는 흡혈귀 같은 녀석이 있는가 하면, 온몸을 갑주어처럼 단단하고 커다란 비늘로 무장하고 가슴지느러미 앞언저리가 막대 모양으로 되어 팔 대신 사용하는 괴이한 놈도 있다. 거대한 것으로는 '자우'라고 하는 몸길이가 3미터, 몸통둘레는 1미터 반이나 되는 거물도 있다.

그 중에서 콜롬비아메기라는 놈은 특별히 크지도 않고 괴이한 형태도 아닌데, 두드러진 특기를 갖고 있다. 급류, 거센 물살에 사는 메기라는 점에서도 예외적이지만, 이 콜롬비아메기의 입은 강력한 흡반 모양을 하고 있어 바위에 흡착해 격렬한 물살에 저항하고 있다. 그런데다가 콜롬비아메기의 배에는 매우 강인한 근육이 붙어있는 뼈판이 있었다. 뼈판이 배지느러미와 연동해 급류를 거슬러 전진할 때 도움이 된다. 게다가 배지느러미에는 작고, 날카롭고, 뒤쪽을 향해 튀어나온 이빨 모양의 돌기가 있어서 바위의 표면에 단단히 달라붙어 미끄러지는 것을 방지한다.

이것들이 폭포 오르기, 즉 수직 암벽에 달라붙어서 기어오를 때 큰 힘을 발휘한다. 콜롬비아메기는 입으로 달라붙어 뼈판을 번갈아 가며 움직이며 6미터의 암벽을 대략 30분 만에 올라갈 수 있다.

폭포 오르기로는 잉어가 유명하지만 잉어는 수직 폭포를 6미터나 오를 수는 없다. 그것은 뛰어 오르면서 경사진 면으로 흐르는 물에 거슬러 올라가는 것이어서 아무리해도 콜롬비아메기의 기교와 힘에는 미치지 못한다.

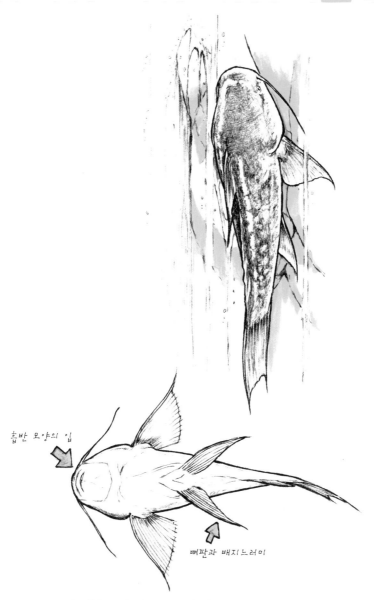

흡반 모양의 입

뼈판과 배지느러미

메기 종류는 커다란 입으로 다른 물고기, 새우, 개구리 등을
통째로 삼킨다. 콜롬비아메기도 예외는 아니다.

삽을 들고 물고기를 잡으러 간다면 믿을 수 있을까?

1807년에 오스트리아의 조류학자 요한 나터러 Johann Natterer 가 브라질 아마조네스 주의 습지에서 두꺼운 뱀장어로 착각되는 이상한 생물을 발견하고 틀림없이 양서류라고 생각해 래피도시렌 파라독사 Lepidosiren paradoxa 라고 명명했다. 나터러는 북미의 앞발밖에 없는 양서류 사이렌과 비교해서 '비늘이 있는 사이렌'이라는 의미의 학명을 붙여주었던 것이다.

나터러가 1835년에 이들을 채집하여 빈으로 가지고 돌아왔을 때, 래피도사이렌 Lepidosiren 과 비슷하지만 또 다른 한 종의 수중생물이 아프리카에서 발견되었다. 은퇴한 장군 리처드 오웬 Owen Willans Richardson 은 프로토프테루스 안네크텐스 Protopterus annectens 라는 학명으로 기재하였다.

양쪽 다 물고기 같지만 허파도 갖고 있어서 공기를 직접적으로 흡입할 수 있다. 어류와 양서류의 중간 형체로서 다윈주의자들이 예상하고 있던 이미지 꼬리는 마치 지느러미의 테두리 장식처럼 되어 있을 것이다. 다리는 어쩌면 다리 모양을 하고 있지 않고 지느러미로도 다리로도 파악할 수 없는 형태를 띠고 있을 것이다 에 딱 맞는다는 점에서 래피도사이렌이나 프로토프테루스를 어류로 볼지, 양서류의 선조로 볼지, 어류가 양서류로 진화된 것인지에 관한 대 논쟁으로 학계가 떠들썩했다.

그 후 1869년 제라드 크래프트 Gerrard Craft 가 오스트레일리아에서 세라토더스 포르스테리 Ceratodus forsteri 라는 '제3의 허파물고기'를 발견하면서 이상 각각 산지가 다른 3종의 특이한 생물은 어류인 것, 매우 오래된 계통을 지닌 것이지만 양서류의 선조는 아니라는 것이 더 분명해졌다.

지금도 허파물고기라는 것은 오스트레일리아의 세라토더스, 남미 아마

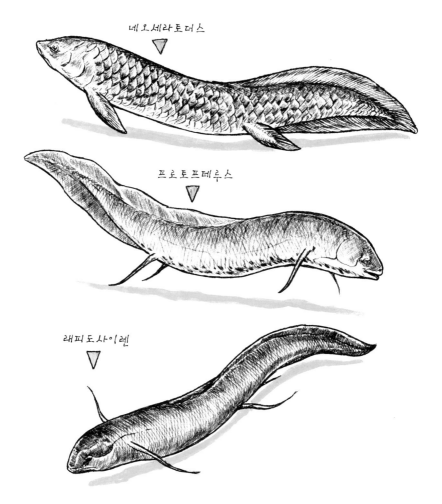

네오세라토더스 ▽

프로토프테루스 ▽

래피도사이렌 ▽

프로토프테루스와 래피도사이렌도 갈수기가 지나고 우기에 접어들면 여름잠을 잤던 진흙이 녹아 물에 잠기면서 잠에서 깨어 물 속으로 헤엄쳐 간다.
세라토더스는 여름잠을 자지 않는다.

존 수계의 래피도사이렌, 아프리카의 프로토프테루스 이 3종 밖에 알려져 있지 않다.

이 중 세라토더스는 오스트레일리아의 하천에 살며 물 속에 산소가 부족해지면 수면에 주둥이를 내놓고 허파호흡을 하는데, 나머지 래피도사이렌과 프로토프테루스의 허파는 분명히 갈수기에 대비한 기관이었다.

아마존 수계에서는 종종 건기에 접어들면 물이 말라버려 진흙이 되고 나중에는 진흙마저도 말라버린다. 래피도사이렌은 매년 이 시기가 오면 진흙 바닥에 약간 비스듬한 각도로 파고들어 구멍 뚫린 길의 바닥에서 몸을 둥글게 구부려 여름잠을 잔다. 구멍 뚫린 길의 입구는 점토 덩어리로 막혀있다. 점토 덩어리에는 작은 구멍들이 숭숭 뚫려 있는데 그 구멍으로부터 들어오는 공기를 들이마셔 폐로 호흡한다. 아가미는 사용하지 않는다. 그러나 아가미도 몸도 말라버리면 죽게 되므로, 래피도사이렌은 몸 주위에 고치 같은 모양을 한 점액주머니를 만들어 낸다. 점액은 래피도사이렌의 몸이 건조해 지는 것을 막는다.

우기가 되어 여름잠에서 깨면 래피도사이렌은 둥지를 만들어 알을 낳는다. 래피도사이렌의 여름잠 때문에 생겨난 이야기도 있다. '브라질 에르그랑차코의 어부는 진흙 속에 파고들어 있는 물고기를 괭이와 삽으로 파내왔다.' 아프리카 중부의 수계에 서식하는 프로토프테루스도 대략 같아 여름잠을 자는 것으로 갈수기를 견뎌낸다. 여름잠 직후 산란한다는 습성에서도 래피도사이렌과 공통점이 있다. 프로토프테루스는 드물게 열대어 중에 진물로서 사육되는 경우가 있다.

나무도 타지 않는데
나무타는 물고기라 불리는 물고기

아나바스*Anabas testudineus*는 동남아시아에서 인도나 스리랑카 등 광범위하게 분포하며 기수지역 민물과 바닷물이 만나는 지역이나, 수초가 많은 강어귀에서 볼 수 있다. 아나바스는 건기에 접어들면 진흙 속에 숨어 여름잠을 잔다. 부초 사이에 산란을 하고 수온 27℃에서 하룻밤낮에 부화한다.

아나바스를 나무타는 물고기 등목어라 부르게 된 것은, 1797년에 동인도회사의 달도르프 Dalldorf라는 인물이 아나바스를 발견했을 때 "이 물고기는 나무에 오르고 있었다. 야자의 나무껍질 사이에서 채취했다"고 말했기 때문이다. 그런데다 달도르프는 이렇게도 말하고 있다. "아나바스는 배에 돋아나 있는 날카로운 가시를 야자줄기에 콕콕 찔러가며 꽤 높은 곳까지 오른다. 그것은 야자열매의 과즙을 먹으러 가는 것이다."

내가 소년시절 읽었던 아동용 동물서에서도 '나무에 오른다'는 것까지는 나와 의심하지 않았으나 솔직히 '과즙을 먹으러 간다'는 말은 의심스럽다. 지금까지도 나무타는 물고기라 부르는 것을 보면, 얼마간은 나무에 오를 것이라고 믿고 있는 것 같다.

하지만 실제로는 비가 온 뒤, 물에서 올라와 초원을 기는 일도 있다. '윗아가미로 공기호흡을 하면서 육상을 수백 미터 이동할 수 있다'라는 글귀가 생각난다. 공기호흡이라는 것은 아나바스의 아가미 위쪽에 얇은 막 몇장으로 되어 있는 미로 모양의 기관 상새기관이 있어 입으로 빨아들인 공기를 호흡하는 것을 의미한다. 상새기관은 꽃잎처럼 생겼는데, 모세혈관이 풍부하게 퍼져 있다. 상새기관을 이용하여 수중에서뿐만 아니라 육상에서도 숨을 쉴 수 있다.

또한 나무타는 물고기는 좌우의 아가미 뚜껑을 교대로 펼쳐, 지면에 흡착하는 것처럼 붙여서 아가미 뚜껑 아래쪽에 돋아나 있는 가시와 배지느러미의 가시로 몸을 지탱하고, 꼬리지느러미를 흔들어서는 몸을 앞으로 나아가게 한다. '야자의 줄기에 콕콕 찔러' 높은 곳까지 오른다고 하는 가시에 대한 설명이 정확했다.

나무타는 물고기가 사는 지방의 사람들은 이 물고기를 먹고 있는 것 같다. 그러면 '토착민들은 지상에서 물고기를 잡는다'는 말이 되는 건가.

이 물고기는 분명 초원 등을 수백 미터나 이동하기 때문에 간석지에서 튀어 오르는 것에 지나지 않는 짱뚱어나 말뚝망둥이 *Periophthalmus cantonensis* 보다도 훨씬 육상생활에 가까운 행태를 보인다. 그런데 생물학자 아르티 카에 의하면, 나무타는 물고기보다 훨씬 솜씨 좋은 '육상 여행'을 하는 메기의 일종이 있다.

클라리드 캣피쉬 Clarid catfish 라는 메기는 아프리카산으로 아가미의 보조기관으로서, 빨아들인 공기와 혈액이 가스교환하는 면적을 두드러지게 확장시킬 수 있는 나뭇가지 모양의 기관을 갖고 있다. 이 기관을 이용해 클라리드 캣피쉬는 갈수기에 육상으로 올라가 밤 동안, 30마리 정도 무리를 지어 이상한 소리를 내면서 풀 속을 이동한다. 이렇게 해서 물이 마르지 않는 늪이나 호수를 발견한다고 하는데, 발견할 때까지 수일이 걸려도 이 씩씩한 메기들은 살아 있다고 한다.

아나바스 ▷

◁ 말뚝망둥이

육상을 이동하는 메기 ▷

171

대강베도라치의 얼굴은
개구리를 닮았을까?

대강베도라치 *Istiblennius enosimae*는 치바 현 앞바다에서 오키나와 부근에까지 분포하는 몸길이 15센티미터 정도 되는 바다 물고기다. 이 물고기의 옆모습은 마치 코가 없는 얼빠진 사람의 얼굴 같아 보인다. 머리 위에는 이상한 돌기도 있다. 얼굴 생김새가 개구리를 닮아 개구리 물고기라는 것은 아니다.

이름의 유래는 이 이상한 물고기가 갯벌웅덩이나 연안 근처의 암초에 살고, 간조 때에 개구리처럼 튀어 올라 갯벌웅덩이에서 다른 웅덩이로 이동하기 때문이다. 조수가 빠져나가면 가슴지느러미로 몸을 지탱하고 꼬리지느러미를 좌우로 세차게 흔들어 육상을 튀어 오르는 것이다. 이것은 매일 일어나는 조수 간만에 적응해 물이 없어진 갯벌웅덩이 위에 덩그러니 남겨질 위험을 피하기 위해서라고 생각된다.

암컷은 초여름에 바위 밑쪽이나 갈라진 틈에 산란을 한다. 산란 후에는 암컷이 아니라 수컷의 활동이 시작된다. 수컷은 알들이 모여 있는 구멍 앞에서 몸을 뒤쪽으로 돌려 꼬리부터 들어간다. 그리고 상반신을 구멍에서 꺼내 일어난 것 같은 모습으로 꼬리지느러미를 이리저리 흔들어 알에 바닷물을 보내 산소를 공급한다. 이 작업 후, 대강베도라치 수컷은 머리만, 또는 앞지느러미까지 구멍 속에 집어넣고 꼼짝 않고 있다. 그리고 다른 물고기가 다가오면 그것이 알을 먹으려는 목적으로 왔든 아니든 구멍을 박차고 나와 멀찌감치 쫓아내어 버린다. 그렇게 대강베도라치의 아빠는 해마 아빠보다 적극적으로 알을 지켜낸다. 알은 약 일주일 정도면 부화한다.

대강베도라치는 환경에 적응해 몸 색을 바꿀 수도 있다.
개구리처럼 튀어오르는 솜씨가 뛰어나서 해변에서 잡혀 양동이에
갇혀도 잠깐 한눈파는 사이 금세 도망쳐버린다.

빨판상어가
항상 달라붙어 있는 것만은 아니다

　미우라 미사키 부근의 어부들은 남한테서 융숭한 대접을 받거나 한턱내기만 바라는 사람들에게 '빨판상어 같은 놈'이라고 한다. 그런 사람은 으레 있기 마련이지만 지금까지도 그 지방 어부들이 빨판상어 같은 놈이라는 식으로 말하고 있는지 어떤지는 모른다.

　이런 호칭은 빨판상어_Echeneis naucrates linnaeus_라는 물고기가 상어, 가오리, 그 밖의 물고기, 가끔은 바다거북 등에 딱 달라붙어 이동하며 물고기나 바다거북이 먹이를 먹을 때만 살짝 떨어져 흘린 것을 주워 먹는 것에서 비롯되었다. 충분히 얻어먹을 수만 있다면, 상어나 바다거북, 혹은 다른 상어든 무엇이든 상관하지 않고 또 달라붙어 이동한다. 특별히 숙주에서 먹이를 빼앗는 것은 아니며 그 몸에 손상을 끼치는 것도 아니지만, 그냥 생활의 방식이 너무나 치사하니 빨판상어 같은 놈이라고 비하되는 것도 당연한 것이다.

　빨판상어의 작은 판은 흡반이어서, 모양으로 말하면 패널 같은 뼈판을 나열해 놓았다고나 할까, 작은 빨래판을 닮았다. 이 흡반은 빨판상어의 첫째 등지느러미가 변화한 것으로 흡착하려는 상어나 쥐가오리의 몸 밑에서 슬그머니 다가가서는 머리를 들이댄다. 그러면 흡반에 17-23가닥 정도나 되는 뼈판이 일단 드러누웠다가 다시 일어난다. 그래서 물고기의 배는 17-23군데정도 진공상태가 되고 빨판상어는 다시 뼈판을 앞쪽으로 쓰러뜨리지 않는 한, 쭉 그대로 물고기의 몸에 달라붙어 있게 된다.

　흡착력은 굉장해서 보트에 달라붙어 있는 것을 억지로 떼어내려고 했더

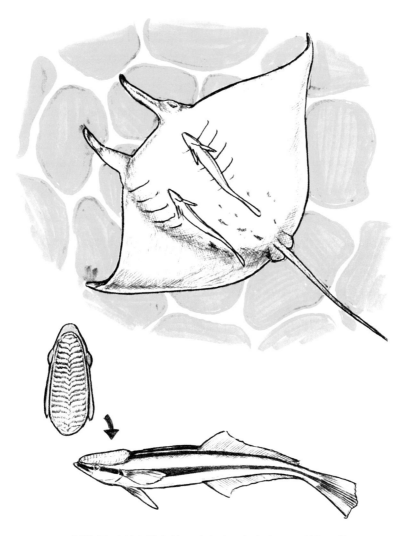

빨판상어는 그림과 같이 작은 판 모양의 흡반으로 가오리(윗그림)
에게 달라붙어 이동하고, 가오리가 잡은 먹이의 부스러기를 받아
먹는다. 이렇게 공생하며 공생자 한쪽만이 이익을 얻는 경우를 편
리공생이라고 한다.

니 빨판상어의 몸이 찢어져 버렸다는 이야기도 있다. 남태평양의 어느 지방에서는 빨판상어를 미끼로 사용하는데 꼬리가 시작되는 부분을 끈으로 묶어 양동이 째 바다에 던지면, 바다거북이 달라붙어 끌려 올라온다는 것이다. 그런 경우, 끈을 달아 양동이에 넣은 빨판상어를 잡아당겨 끌어올리는데, 가끔은 양동이에서 떨어지지 않아 양동이만 바다에 담갔다 뺀다고 한다.

단, 그것은 빨판상어는 아니고 빨판상어목에 속하는 다른 종이다. 대빨판이*Remora remora*, 흰빨판이*Remorina albescens* 등 열대 바다에서만 10종이나 되며, 배바닥이나 떠다니는 나무에 달라붙어 있는 놈도 있다. 보통 빨판상어는 어디나 무엇에나 달라붙어 있지 않고 스스로 헤엄쳐 먹이를 얻고 있는 경우도 많다. 정치망_{자리그물}이나 건착망_{띠 모양의 큰 그물로 고기를 둘러싸고 줄을 잡아당기면 두루주머니를 졸라맨 것처럼 되어 고기가 빠져 나가지 못하게 되는 그물}에 걸리는 경우도 있고 낚시꾼에게 낚이는 경우도 있다. '생활방식이 야비하다'고 해서 꽤 멸시당하는 빨판상어이지만, 그렇게 언제나 다른 것, 다른 물고기를 이용해 달라붙어 있기만 하는 것은 아니다.

빨판상어가 상어에게 달라붙어 지내는 경우, 빨판상어에게는 선행자가 있다. 그것은 동갈방어*Naucrates ductor*이다. 이것은 20센티미터 크기에 몸에는 분명한 무늬가 있는 물고기로 흔히 상어 머리 아래쪽의 헤엄치기 쉬운 부분에서 헤엄치고 있다. 이 녀석도 상어가 떨어뜨린 것을 주워 먹고 있어서 편리공생의 전형으로서 다루어지고 있다. 거기에 있는 상어는 '동갈방어로 하여금 안내하게 해 빨판상어를 따라 헤엄치는'것처럼 보이는 것이다.

개복치는 바다 위에 드러누워
갈매기의 밥이 된다

오션 선피쉬Ocean sunfish라고 하면 개복치Mola mola를 말한다. 한자로 번역하면 대양태양어大洋太陽魚 쯤이 된다. 얼굴만 보면 복어와 닮았고 실제로 복어목 물고기인데, 몸통을 좌우에서 눌러 등지느러미와 뒷지느러미에서 뒤쪽을 잘라낸 형태다. 몸의 위아래에 등지느러미와 뒷지느러미가 몸 뒤쪽에서 삼각형으로 높게 튀어나와 있다.

절단된 것같이 생긴 몸의 뒤쪽에는 부드럽게 구불구불 이어진 꼬리지느러미처럼 생긴 것이 있다. 하지만 이 부분은 꼬리지느러미가 아니다. 대부분은 등지느러미와 뒷지느러미의 기조물고기 지느러미 옆으로 나란히 있는 각질 또는 골질의 선상구조가 뒤로 이동해 위아래가 맞물려 모양이 만들어졌다. 그것이 꼬리지느러미 역할을 하고 있는데 꼬리지느러미라고는 부르지 않고 가짜꼬리, 또는 키꼬리舵鰭라고 부른다.

개복치는 외양성外洋性 표층어表層魚로 온대열대에 분포하며 해파리를 먹고 산다. 하지만 깊이 600미터의 심해에서 발견된 적도 있어, 심해에서 하루의 반 가까이를 보낸다고도 한다. 해파리 외에 오징어나 크릴이나 작은 물고기도 먹는다는 것도 알았다.

개복치는 수중카메라를 들이대면 다가와 복어 같은 입으로 쪼아본다고 하는데, 옛날에는 '무섭고 괴이한 물고기 개복치'라고도 하였다. 잠수부들이 배 위에서 산소통을 달고 내려가면, 거대한 개복치가 다가와 덥석 삼켜버렸다는 것이다.

최근 유쾌한 실화로 "개복치를 탄 소년 선원"이라는 이야기가 있다. 한 소년 취사원이 바다에 빠져 허우적대고 있는데, 밑에서 불쑥 개복치가 떠오른 것이다. 개복치에게 실려 잠시 바다 위를 표류하고 있던 소년은 바로 다음 순간, 모선이 되돌아와 구조되었다. 방송국 기자가 "그건 어디 있는가?"하며 소년을 따라다니며 인터뷰했지만, 소년 취사원은 빨리 배로 돌아가 모두를 위해 밥을 지어야 한다는 생각에 대답을 하지 못했다는 에피소드이다.

이렇게 개복치는 심해에서 불쑥 떠오를 때가 있는데, 해면에 도달하면 옆으로 드러누워 바다를 베개 삼아 하늘하늘 낮잠을 잔다. 물 위로 슝 날아올랐다가 다시 옆으로 드러눕기도 한다. 이것은 몸에 달라붙어 있는 거머리 같은 기생충을 떼어내기 위함이라고 하나 그런 식으로는 좀처럼 기생충은 박멸할 수 없다.

그럴 때 개복치는 옆으로 누워 물 위에서 잠든 채로 기다리고 있다. 그러면 대개 배가 고픈 갈매기들이 내려앉아 기생충을 파먹는다. 마치, 물소가 황로에게, 아프리카코끼리가 아프리카메까치 *Ptilostomus afer*에게, 코뿔소가 진드기새에게 진드기를 먹여 공생하는 것 같은 관계이다.

개복치 중에는 18명의 젊은이들을 거뜬하게 태울 수 있을 정도로 거대한 것도 있다. 몸길이가 최대 3미터 30센티미터, 체중이 1톤이라고 하니 물소와 비교해도 조금도 빠지지 않는다.

개복치는 무지무지하게 많은 알을 낳는 것으로도 유명하다. 몸길이 1미터 30센티미터에 달하는 것은 정말 약 3억 개의 알을 낳는다고 한다.

🔲 개복치의 낮잠

개복치는 다시마의 일종인 해조류가 둥둥 떠있는 곳에 모여 먹이를 먹는다. 또 낮잠을 자며 갈매기에게 거머리 같은 것들을 먹게 할 때는 하얗게 변하여 갈매기 눈에 잘 띄도록 한다.

칠성장어는 흡혈귀쯤 되는
시시한 물고기가 아니다

칠성장어 *Lampetra japonica* 나 먹장어 *Myxine garmani* 류는 장어류가 아니라 원구류에 속하는 동물들이다. 턱이 없고 흡반^{빨판} 또는 항문^{찢れ目} 모양의 입이 있다.

칠성장어는 몸 옆에 7개의 아가미 구멍이 있다. 그것들도 눈처럼 보여 '8눈뱀장어' 라고도 불렸다. 가을에서 겨울에 걸쳐 연어를 쫓아 강 입구에서 상류로 거슬러 올라오는 것을 그물로 잡는다. 옛날부터 8개 눈이 있다고 하여 눈이 나쁜 사람에게 효험이 있을 것이라고 생각해 자주 보신용으로 먹었다. 사실 칠성장어에는 매우 풍부한 ^{물고기 몸길이의 30~50%} 비타민 A가 함유되어 있어 야맹증에 분명히 효과가 있다. 효능도 뛰어나지만 우선 맛이 있어 사람들에게 사랑받고 있다.

칠성장어라고 하면 평화스럽고 순한 것으로만 전해져왔는데, 사실 무시무시한 물고기다. 턱이 없고 커다란 뱀처럼 생긴 칠성장어는 길이가 60센티미터나 되며 연어, 송어, 대구, 청어, 드물게는 넙치에게도 흡착해 혈액, 체액, 근육을 액화시켜 먹어버린다. 칠성장어는 턱이 없는 대신 입 안이 날카로운 이빨로 채워져 있다. 칠성장어는 입 안의 단단한 이로 연어나 송어에 달라붙어 피부를 찢는다. 구강샘으로부터 람프레딘 성분의 샘액을 분비시켜 찢어진 피부 사이로 집어넣는다. 이 물질은 혈액의 응고를 막아 적혈구와 근육을 녹여 액화시키는 작용을 한다.

이놈에게 빨린 물고기는 물론 몸을 비틀며 저항하려고 한다. 그러나 그 물고기가 죽거나 칠성장어가 포식할 때 까지는 절대로 떼어낼 수 없다. 칠

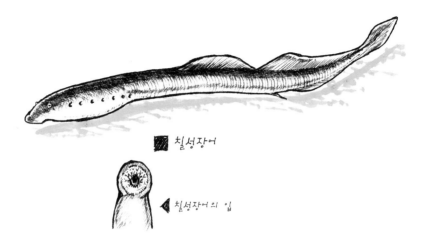

■ 칠성장어

◀ 칠성장어의 입

■ 먹장어

칠성장어에는 바다에 내려가 생활하고 강으로 올라가 산란하는 칠성
장어와 하천의 상류에 살며 바다로 나가지 않는 다묵장어가 있다.
먹장어는 깊은 바다에 살며 눈은 피하지방에 매몰되어 있다.

성장어가 북미 오대호의 어족을 다 먹어치우려는 세력이라며, 칠성장어와 다년간 싸워온 V.C. 애플게이트^{V.C. Applegate}와 J.W. 모펫^{J.W. Moffat}은 이렇게 말하고 있다. "만약 칠성장어가 쉬지 않고 계속 빨아댄다면 물고기는 4시간 만에 죽게 된다. 커다란 물고기라면 천천히, 며칠 동안이나 매달려 있다. 우리들은 여태까지 2만 5천 마리나 되는 칠성장어를 잡았지만, 그것만으로도 연간 225톤의 물고기가 살육 당하게 된다." 이렇게 해서 칠성장어는 1921년경부터 1954년에 걸쳐 휴런 호^{Lake Huron}, 온타리오 호^{Lake Ontario}, 미시간 호^{Lake Michigan}, 이리 호^{Lake Erie}, 슈피리오 호^{Lake Superior} 등 소위 북미 오대호를 침략해 연어, 송어뿐 아니라 잉어, 농어, 황어 등 대부분의 어족을 전멸시키려고 했던 것이다. "우리들은 싸우고 있다. 희망은 희박하다. 그러나 마지막에는 성공할 거라고 확신하고 있다." 1955년에 애플게이트와 모펫은 이렇게 기록하고 있지만 사실은 거의 절망하고 있었다. 하지만 '칠성장어와의 전쟁'은 14년 후인 1969년에 동물학자 프란시스 오마니^{Fransis Omany}가 《어류》라는 저서에서, '사람들은 칠성장어를 잡아 최근 겨우 호수의 물고기를 절멸에서 구해냈다'고 쓸 수 있었다.

원구류의 일종으로 먹장어목이 있다. 눈은 상당히 퇴화되고 피하지방에 매몰되어 있어 겉으로 알아보기 어렵다. 입은 항문 모양^{열공 모양}이고 입 주위에 4쌍의 수염이 있다. 주로 연안의 얕은 바다 밑에 산다. 머리 뒤로부터 꼬리지느러미에 이르는 표면에 한 줄로 점액 분비선이 지나가며 여기에서 끈적한 점액을 분비한다. 죽은 물고기, 개울가의 떠다니는 물고기, 썩은 고기를 좋아하며 새우, 게, 갯지렁이, 조개류도 먹는다.

제 5 장

곤충류 편

큰 무리를 지어 세차게 밀어닥친 것은 벼메뚜기가 아니다

1972년, 1978년에도 그 해충의 대 습격으로 아프리카, 사우디아라비아, 예멘에 상상을 초월한 참사가 있었다. 1978년의 뉴스까지는 어느 신문이나 라디오, 방송매체도 그 해충을 벼메뚜기 *Oxya spp* 라고 부르고 있었다. 일각에서 "그 녀석은 벼메뚜기가 아니다!"라는 목소리가 높아지다 1988년에 다시 아프리카, 아라비아 방면에서 그 녀석들이 대량으로 발생한 무렵부터는 메뚜기 *Locusta migratoria* 라고 올바른 명칭으로 부르게 되었다.

일본에서도 1880년, 1921년, 1931년에 걸쳐 큰 피해를 입었다. 이른바 '벼메뚜기'는 사실은 풀무치가 군집을 이룬 것이다. 군집성 풀무치는 풀무치보다 날개가 길고, 가슴 등의 중앙이 움푹 패여 있는 등 형태까지 변화하였다. 풀무치가 수백 미터밖에 날지 못하는데 비해 무려 9시간이나 계속 나는 비행능력이 있고, 또한 풀무치가 여기 저기 흩어져 사는 고독상인데 비해 항상 밀집군으로 행동한다. 그러한 차이 때문에 메뚜기 ^{사막비황}이라고 이름 붙여진 것이다. 벼메뚜기는 살고 있는 논밭에서 떠나지 않는다. 둘은 전혀 다른 곤충이다.

그 참혹한 피해는 구약성서와 《삼국지》, 펄 벅의 《대지》에도 쓰여 있고, 다윈과 파브르도 언급하고 있다. 그 참상은 믿기 어려운 것이어서 1978년 아프리카에서는 한 달 동안 에티오피아에서만 25만 명이 기아로 사망하거나 메뚜기로 인해 16만 톤의 곡물을 잃었다. 메뚜기 한 무리만으로 간토지방을 다 메울 정도의 규모였다.

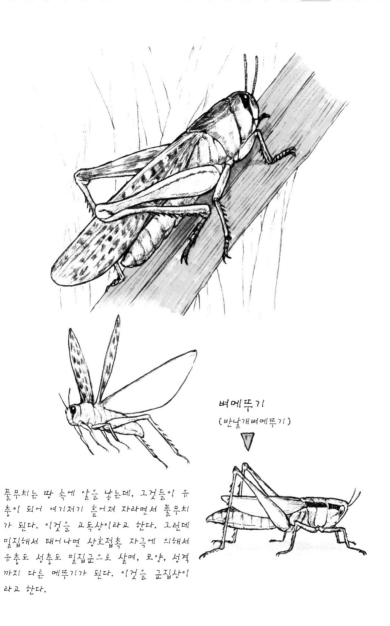

벼메뚜기
(반날개벼메뚜기)

풀무치는 땅 속에 알을 낳는데, 그것들이 유충이 되어 여기저기 흩어져 자라면서 풀무치가 된다. 이것을 고독상이라고 한다. 그런데 밀집해서 태어나면 상호접촉 자극에 의해서 유충도 성충도 밀집군으로 살며, 모양, 성격까지 다른 메뚜기가 된다. 이것을 군집상이라고 한다.

결코 누구도 알 수 없는
놀라움과 기쁨을 안겨다준 곤충들

어느 날 밤 창문으로 뛰어 들어온 어리여치를 보고 얼마나 놀랬으며 환희에 차올라 가슴이 두근거렸던가!

그러나 어리여치는 어지간히 곤충을 좋아하는 곤충애호가라 해도 잘 모르는 수가 있다.

어리여치는 지금까지 내 평생 2마리밖에 본적이 없는 곧은날개목 直翅目 의 희귀한 곤충이다. 2마리라고는 하지만 그중 1마리는 시즈오카 현의 어느 산길에서 죽어서 뒹굴고 있는 것을 발견한 것에 지나지 않는다. 그래도 나는 기뻐서 펄쩍 뛰었다. 죽어있기는 했지만 갈로와벌레 *Galloisiana nipponensis* 라고 알고 있는 원시충을 발견했을 때의 기쁨과 맞먹는 것이었다.

하물며 그것이 산채로 소리도 없이 갑자기 뽕 하고 내 책상 위에 뛰어내렸을 때의 놀라움과 기쁨을 무엇에 비유할까? 그런데 '정말 믿을 수 없다'고 나는 계속 중얼거렸다. 다른 것도 아닌 어리여치 *Prosopogryllacris japonica* 이니 말이다. 어디서나 볼 수 있는 흔한 곤충들과는 차원이 다른 희귀충이 아닌가!

어리여치는 얼핏 보면 귀뚜라미하고도 닮았다. 담갈색과 녹색이 있는데 녹색인 경우는 여치하고 구분이 안 되기도 한다. 어리여치는 여치와 귀뚜라미를 하나로 합친 이름인데 실제 모습도 양쪽과 닮았다.

그 어느 쪽과도 비슷하지 않은 점이라고 한다면, 어리여치는 '울지 않는다'는 점이다. 귀뚜라미과도 여치과도 '가을에 우는 곤충'인데 어리여치만은 소리 내는 기관이 없다.

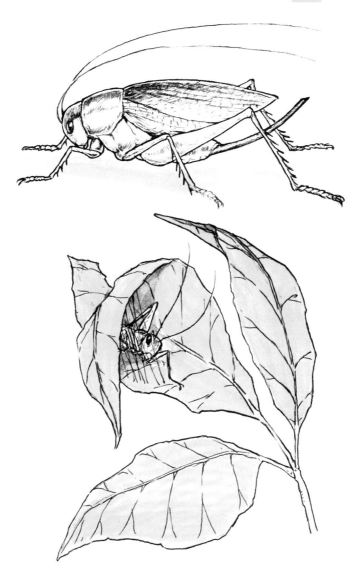

위가 여치, 아래가 잎을 덮고 있는 날개 없는 여치이다.
날개가 있는 쪽의 여치도 나뭇가지에서 나뭇가지로 옮겨 다닐 뿐
좀처럼 날개로 날지는 않는다.

또 '운다'는 것에 대응하는 청각기관도 없다. 여치의 청각기관은 앞발의 정강이에 해당하는 부분에 있는데 어리여치에게는 그것이 없다.

귀뚜라미를 더 많이 닮은 날개 없는 어리여치라가 있다. 날개 없는 어리여치는 성충이 되어도 날개가 돋아나지 않는다. 그런가 하면 어리여치가 '울지 않는다'는 것은 분명하지만 '소리를 내지 않는' 것은 아니다. 어리여치는 뒷다리로 다른 물건을 두드려 소리를 낸다. 몇몇은 날 수도 있는데 도약용 뒷다리는 그리 발달되어 있지 않다.

어리여치나 날개 없는 어리여치도 모두 수상생활을 하고 있다. 나뭇잎 같은 것은 먹지 않고 다른 곤충을 잡아먹는다. 어리여치는 3센티미터, 날개 없는 어리여치는 1.4센티미터 정도로 작은데다가, 울지도 않으니 나무 위에서 잡기는 어렵다. 어리여치가 기이한 곤충인 이유는 또 하나 있다. 입에서 점액을 내어 비단실을 짜낸다. 어리여치는 야행충으로 밤에 밖으로 나와서 진딧물진디을 먹는다. 새벽녘에 돌아와 나뭇잎을 둥글게 말아 아랫입술에서 분비한 점액으로 만든 실과 엮는다. 그러고는 그 안에 틀어박혀 낮잠을 잔다. 밤이 되면 거기서 기어 나와 다시 잎을 엮어서 둥지를 만든다. 실은 누에가 만들어낸 실에 뒤지지 않는 비단이다. 실을 뽑아내는 곤충은 곧은날개목에서도 어리여치 정도뿐일 것이다.

꼬리에서 폭발음을 내는
포식충 방귀벌레

　방귀벌레는 딱정벌레과 혹은 폭탄먼지벌레 *Pheropsophus jessoensis* 과로 가늘고 긴 다리로 땅 위를 질주하며 다른 벌레를 잡아먹는다는 점에서는 반묘과의 곤충과 닮았다. 그러나 반묘과 곤충만큼 경쾌하게 날아오르지는 못한다. 딱정벌레, 먼지벌레류는 땅 위 질주형으로 발달한 한 무리로, 비상성은 잃었다고 해도 좋다. 그중에는 마이마이카부리 *Damaster blaptoides* 처럼 좌우의 날갯죽지가 유착되어 펼쳐지지 않는 것도 있고, 뒷날개가 퇴화되어버린 딱정벌레 같은 놈도 있다. 이 무리는 나는 것을 단념하고 땅 위를 뛰어다니며 먹이를 추적해 잡아 뜯어 죽이도록 특화된 것이다. 딱정벌레는 '보행충'이라고 해서 아톰의 저자 데즈카 오사무는 이 곤충의 이름에서 딴 자신의 팬네임도 만들었다고 한다.

　딱정벌레, 먼지벌레 중에는 대단히 아름다운 금속성의 광택이나 색채를 가진 것이 많은데, 그런데도 '아, 그럼에도 불구하고!'라고 한탄하고 싶어지는 특징이 있다. 그것은 지독한 냄새 때문이다. 노린재에 필적할 정도의 지독한 냄새가 작렬한다. 게다가 그냥 뿡뿡 내뿜기만 할뿐인가, 딱정벌레, 먼지벌레 중에는 그것을 화학병기로서 사용하는 녀석도 있다. 마이마이카부리는 큰 것은 4센티미터가 넘는 검은 빛이 나는 갑충으로 달팽이를 죽여 껍질 안에 머리를 들이밀고 있다. 그것이 달팽이를 뒤집어쓰고 있는 것처럼 보인다 하여 마이마이카부리라는 이름이 붙었다. 이 녀석은 항상 악취가 날 뿐만 아니라 달팽이의 껍질에 머리를 들이밀고 정신 없이 먹고 있다가 잡히면 푹! 하고 독가스를 발사한다. 딱정벌레, 먼지벌레 모두 이런 병기를 꼬리 끝에 갖고 있다.

독가스 발포 중에서, 가장 냄새가 심하고 유명한 것이 방귀벌레이다. 몸길이는 2센티미터 내외로 먼지벌레치고는 중간 크기로 모양은 조금도 기이하거나 무서워보이지는 않는다. 평지의 습기가 많은 돌 밑 등에 살면서 비상한 속도로 뛰어다니며 송충이나 쐐기 같이 털이 난 벌레, 털이 없는 배추벌레 같은 것들을 습격한다.

전문서에는 '방귀벌레가 내는 소리는 마치 폭발음과 비슷하다. 배끝마디末節 좌우에 분비샘이 있어 이것이 분비를 촉진해 폭발시킨다. 그 액은 산화질소와 초산 화합물인데, 그것이 공중에 발사되면 급격하게 퍼지므로 폭발음을 낸다.'고 적혀 있다. 방귀벌레를 잠자리채 손잡이 끝 쇠붙이 부분으로 약을 올려 가스가 나오게 해보았더니, 푸슈―웃 하는 폭발음과 함께 순간적으로 노란색의 연기 같은 것이 발사되었다. 그 냄새나는 기체에 닿지 않도록 떨어져 웅크리고 있어보았지만 코를 막고 뛰쳐나올 정도로 지독했다. 연기가 닿은 잠자리채 손잡이에는 약 3개월 동안이나 악취가 배어 있었다.

피터 파브Peter Farb는 방귀벌레Pheropsophus jessoensis가, 푸슛 하고 단발로 발포하는 것만이 아니라 몇 차례 연타로 발포한다고도 하였다. "수일간, 발포하지 않던 방귀벌레가 4분 동안에 29회 발포한 예가 있다", "어느 방귀벌레는 개미와 200번이나 배틀을 벌였는데 개미무리는 방귀벌레에게 조금도 해를 입힐 수가 없었다." 더구나 파브는 모든 곤충의 적이며 포식자인 사마귀라던가 거미조차도 방귀벌레가 그 냄새나는 대포로 격퇴해버린다고도 하였다.

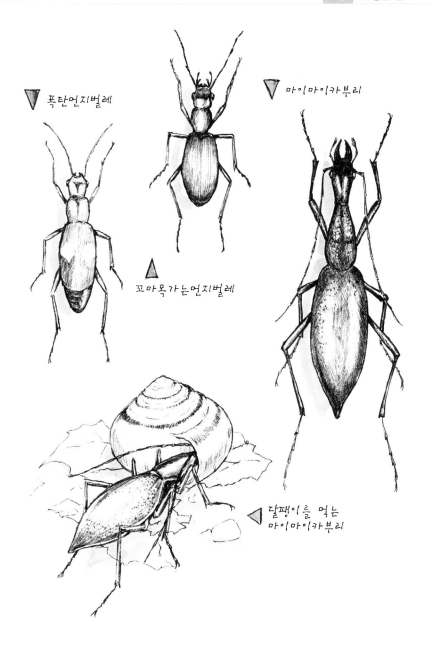

▼ 폭탄먼지벌레

▼ 마이마이카부리

▲ 꼬마목가는먼지벌레

◀ 달팽이를 먹는
마이마이카부리

꽃그늘의 사냥꾼은
점점 교묘해지고 있다

뜰 안 풀꽃 아래로 노랑나비나 큰줄흰나비의 날개가 떨어져 있을 때가 있었다. 그때마다 나는 그것이 사마귀의 사냥터라는 걸 알아차린다. 실제로 사마귀가 근처에 있으면서 시치미를 뚝 떼고 아무것도 먹지 않은 얼굴을 하고 있는 것을 목격한 적도 있다. 좋은 사냥터를 발견했다고 감동을 한 적도 있지만 꽃이 피는 시기는 짧은 법이라 사마귀도 그렇게 언제까지나 편안한 생활을 하고 있을 수만은 없구나 하는 생각이 든다.

2007년에도 라일락 나무 아래 풀꽃에 애기사마귀 *Acromantis japonica* 한 마리가 자라고 있었다. 나는 그 녀석이 아주 어렸을 적, 그러니까 날개도 없던 유충일 때부터 보아 왔다. 담 벽에 머물러 있던 적도 있었고, 연못 근처에서 쉬지 않고 갈고리와 더듬이를 손질하고 있었던 때도 있었다.

애기사마귀가 페튜니아 꽃에 가끔 흰나비류가 다가온다는 것을 알아챈 것 같다. 거기에 숨어 있으면서 꽃에 다가오는 나비들을 차례차례 잡아먹는다. 가끔 감귤류와 비슷한 좋은 냄새가 나 꽃밭에 가보면 큰줄흰나비의 날개가 페튜니아 밑에 떨어져 있는 것을 발견하게 된다.

이것은 매우 평범한 사마귀의 매복 작전이다. 꽃의 그늘진 곳에 꼼짝 않고 기다리고 있다가 다가오는 나비에게 쏜살같이 갈고리를 휘두르는 것이다. 그 바로 직전까지 나비는 전혀 눈치를 채지 못하는 것이다. 사마귀가 가까이 있는 것을 보아도 나비는 달아나지도 못한다. 그래서 사마귀도 대부분 몰래 숨어있다고는 할 수 없다.

단지 꽃 바로 아래에 정지해 있는 오로지 '기다림'의 포식행동이다.

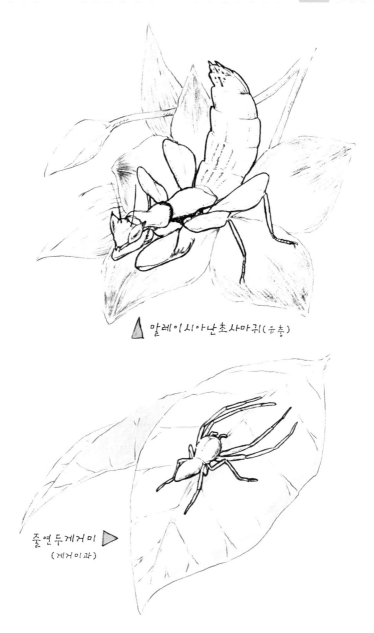

▲ 말레이시아난초사마귀(유충)

줄연두게거미 ▷
(게거미과)

꽃손질이 잘 되어있는 정원의 과꽃 잎 아래에서 게거미 한 마리를 발견한 적이 있다. 이 게거미도 여리디 여린 기생나비를 잡아먹고 있었다. 이 녀석도 꽃그늘의 악마였다. 이 녀석에게는 날개가 없는 대신 유난히 긴 2쌍의 다리가 무기다. 거미라서 다리는 4쌍, 즉 8개가 있다. 그중의 짧은 쪽 뒷다리 4개를 사용해 꼿꼿이 몸을 지탱하고, 자기 몸보다 훨씬 긴 게다리 같이 생긴 나머지 다리 4개를 뻗어 거의 눈 깜박할 틈도 없이 흰나비나 남방노랑나비를 움켜잡는다. 게거미는 독이 있는 한 쌍의 이빨^입기관을 갖고 있는데, 그것은 먹는 데만 사용한다. 올가미나 포충망으로도 사용할 수 있는 실까지 갖고 있지만 굳이 사용할 필요도 없다.

이러한 기다림 일변의 수렵행위에서 더 진화해서 꽃과 똑같이 둔갑하는 방법을 생각해낸 것이 열대 아시아산 말레이시아난초사마귀 *Hymenopus coronatus* 였다. 이것은 고배율로 근접촬영까지 해보아도 어느 것이 꽃이고 어느 것이 사마귀인지 구분을 할 수 없을 정도로 교묘한 의태행동을 하고 있다. 숨기는커녕 난 꽃 위에서 버젓이 얼굴을 드러내고 앉아있는데도, 다리의 일부는 난 꽃잎과 비슷하고 몸의 뒷부분 반은 꽃의 중심 부분과 흡사하여 구분이 어렵다. 색도 물론 난 꽃처럼 보인다. 사마귀의 수렵법은 자신을 꽃으로 보이게 해 적들로부터 스스로를 지키고, 꽃의 꿀에 이끌려 날아오는 나비나 그 밖의 곤충들에 대해서는 눈을 속이는, 두 가지 목적을 달성하고 있다.

'원주민족의 시계'는
정말 정확한 것일까?

1937년경, 코야마 소이치로 小山莊一郞 는 자신의 탐험실록 중에서 '여섯시벌레 六時虫'에 대해 다음과 같이 썼다.

장소는 뉴기니. 탐험가들이 저녁 5시 58분, 숨을 죽이고 침을 삼키며 각자의 손목시계를 쳐다보고 있다. 시계바늘은 째깍째깍 점점 정각 6시로 향한다. 그리고 시계바늘의 끝이 정확히 6자를 가리키자마자, 주변에 일제히 울려 퍼지는 곤충의 목소리. 정확하다.

－ 단 1초도 틀리지 않아!

－ 어제도 그랬고 오늘도!

－ 정말 놀라운 일이야!

탐험대원들은 저마다 경탄한다.

이것이 '여섯시벌레'다. 그리고 여섯시벌레에 대해 쓴 것은 일본에서는 이 사람이 처음이 아닐까 싶다.

하지만 여섯시벌레가 어떤 날씨에서나 6시에 울어대는 것은 아니었다. 장소가 뉴기니라는 것도 잘못되어 분포지는 보르네오 섬이다. 또한 코야마는 이 곤충의 정체를 귀뚜라미라고 말하고 있지만 사실 여섯시벌레는 매미였다.

미국 스미스소니언 연구소의 딜런 리플레이 Dillon Ripley 는 여섯시벌레는 '참새만큼이나 큰 매미종'이라고 전하고 있다. 울어대는 시각이 매일 맞춰놓은 것처럼 6시였기 때문에, 이 매미는 당시의 서양인이나 일본인의 흥미를 자극하기에 충분했다. 리플레이는 그 시각도 '6시경, 틀려도 기껏해야

15분 이내에 무시무시한 소리로 울기 시작한다'고 말하고 있다.

그래도 그 무렵엔 정확하게 울어댄 것 같아서, 영국의 부호 로스 차일드가 여섯시벌레를 프로펠러기로 주문했다는 일화도 있다. 여섯시벌레는 쇠약해져서 런던에 도착한 다음 유감스럽게 겨우 3번만 울고 절명했다.

리플레이는 계속해서 "그곳에서는 매미를 '원주민족의 시계'라고 부르고 있다. 《열대 아시아》라는 책에서 이 시계가 제정신이 아닌 것은 하늘이 하루 종일 꾸물꾸물하게 구름이 끼어있는 날뿐이다"라고 말하고 있다.

이 기록도 1971년경의 것으로, 그 이후, 여섯시벌레는 계속 존재하는지, 정말 6시에 우는지 새로운 정보는 손에 넣지 못하고 있었다. 그러던 중 간신히 한 일본인의 증언을 얻어낼 수 있었다. 2007년 5월, 미즈노 아키노리 水野昭憲는, 다음과 같이 전하고 있었다.

저녁, 갑자기 어슴푸레해지기 시작하자 숲 속이 고요하게 바뀌는가 싶더니 트럼펫 부는 듯한 코뿔새 Buceros rhinoceros의 소리, 그곳에서 여섯시반 六時半 매미라고 불리는 말매미와 쓰르라미를 합친 소리, 긴팔원숭이의 큰 울음소리가 한꺼번에 들려온다.

고맙게도 '여섯시벌레'는 건재했던 것이다. 단, 그것이 울어대는 시각은 30분 가까이 늦어져 '여섯시반매미'라고 불리는 것을 알았다. 36년의 세월이 지나는 동안에 매미도 우는 시간이 달라진 것일까? 하지만 일본에서도 쓰르라미나 말매미나 참매미의 우는 시각, 우는 소리가 꽤 변화하고 있는 것을 나는 알고 있다. 소년시절에 가슴 두근거리며 읽었던 여섯시벌레가 아직 무사하다는 것을 확인한 것만으로도 대만족이다.

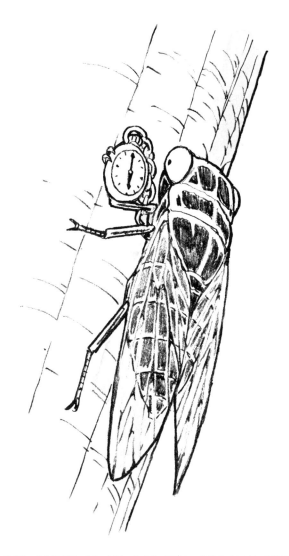

일본에서도 쓰르라미의 우는 시각, 울음을 멈추는 시각은 상당히 빨라지거나 길어졌다. 참매미의 우는 소리 '맴맴맴매-앰' 중, '맴맴맴' 부분이 옛날보다 횟수가 줄어들고 있다. 이런 변화가 있어서 여섯시벌레의 우는 시각도 30분이나 늦어진 것은 아닐까?

일찍이 가토 박사는 말했다.
요괴충 '호부고블린 비틀'

부채벌레 *Mormolyce phylodes* 라는 기이한 곤충은 갑충류^{초상목} 중 딱정벌레과
다. 정말 한가운데 몸의 선만을 보면 딱정벌레 모양이다. 하지만 딱정벌레
치고는 머리나 가슴 부분이 길고, 앞날개의 가장자리가 반투명한 막 모양
으로 펼쳐져 있다. 이것은 딱정벌레도 먼지벌레도 아니다. 더듬이도 돋아
난 뿌리 부분이 불룩하고 터무니없이 길다.

그래서 일본인이 보기에는 부채처럼 보여서 부채벌레라는 이름이 붙여
졌다. 그러나 서양인들에게는 바이올린이나 기타로 보이는 것 같아서 바이
올린벌레, 기타벌레 등으로 명명되어 있다.

1930년에 마사요^{加藤正世} 박사는 저서의 도판에 이미 이 기이한 곤충의 사
진을 올렸는데, 필리핀산 부채벌레를 "요괴충^{Hobgoblin Beetle}으로 불리는 기이
한 곤충"이라고 소개하고 있다. 호부고블린^{hobgoblin}은 셰익스피어의 〈한여
름 밤의 꿈〉에도 등장하는 작은 요정의 이름이다. 호부고블린이라는 말은
'짓궂은 작은 악마'라는 의미라고 한다.

부채벌레는 필리핀 외에도 보르네오나, 인도네시아, 말레이시아에 4종
류 정도 분포한다. 일본에는 없다. 그래서 지금도 종종 백화점 옥상에 있는
애완동물 매장 같은 곳에 가면 간판처럼 부채벌레의 표본이 전시되어 있
다. 그것을 보면 전체 길이가 약 10센티미터 내외인 담갈색의 곤충이다. 옆
에서 보면 몸이 무지 얇고 가느다랗다는 것을 알 수 있다.

몸이 얇은 것은 열대림의 나무껍질 밑 좁은 틈새에 숨어있기 위해서이
다. 부채벌레는 그런 장소에서 곤충의 유충이나 알 등을 찾고, 달팽이나 괄

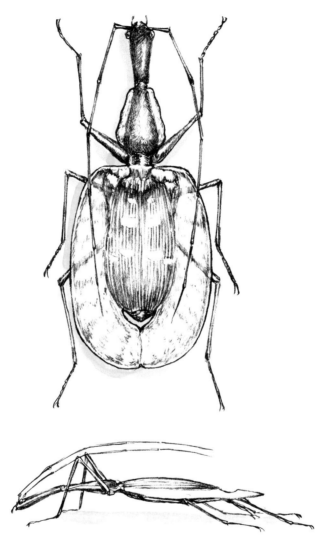

흉부까지가 가느다랗고 길며, 배를 덮고 있는 날개가 좌우로 펼쳐져
있는 형태이다. 이것을 일본인은 부채로, 서양인들은 바이올린이나 기
타로 본 것은 아무래도 재미있다.

태충을 먹는다. 또 버섯에 기생하는 벌레도 좋아한다.

어쨌든 육식성 곤충인 딱정벌레나 먼지벌레 무리에 적합한 식생태다. 한편 딱정벌레과에는 속해 있어도 냉이 잎을 먹는 둥글먼지벌레 같은 예외적인 곤충도 있다.

부채벌레의 몸이 납작한 것은 나무껍질 밑에 틀어박혀 생활하기에 적합하고, 기다란 머리와 가슴, 더듬이도 좁고 불편한 장소에서 유충이나 먹잇감을 찾기 쉽게 적응된 것일 것이다. 단, 보르네오에서 이 부채벌레가 전등의 빛을 찾아 날아온 것을 본 사람이 있다고 한다. 이것은 좀처럼 접하기 어려운 경우다. 먼지벌레나 딱정벌레류는 종종 비행력을 잃은 대신에 질주하여 지상에서 수렵생활을 하고 있기 때문이다. 하지만 부채벌레는 나무껍질 밑에 숨어들어 느긋하게 걸어다니며 비행력을 잃지 않고 살았던 것일까?

셰익스피어의 〈한여름 밤의 꿈〉에 등장하는 요정이 퍽 일명 호부고블린. 짓궂은 장난을 잘 치는 요정으로 불리는 대목은 다음과 같다. "밤길에 사람을 유혹해내서는 재미있어하는 것이 네가 아니라고? 사람에 따라서는 너희들을 호부고블린이니 꼬마 퍽이라고 부르고 있어. 정녕 네가 그 퍽이 아니라고?"

어떤 사람들은 '고블린과 호부고블린은 어느 쪽도 장난치기 좋아하는 소인 혹은 집을 지키는 수호요정인데, 전자 쪽이 좀 더 심술궂고 후자는 착한 것 같다'고 말하며, 또 다른 사람들은 호부고블린의 형태를 '날개가 돋아난 빌리켄 미국에서 말하는 복의 신 처럼 생겼다거나 또는 메피스토의 후예와 같은 얼굴 표정'이라고 말하기도 한다. 어느 쪽이든 부채벌레와 닮은 점은 조금도 없다.

나비는
모기한테서 태어난 것이다

　나비는 10과로 나뉘는데 모기는 46과나 된다. 토종 나비는 229종, 외부에서 섞여 들어온 종을 합해 250종이라고 했지만, 1996년에 모기는 3,000종을 넘어 장래에는 5,000종을 넘을 것은 확실하다고 시로우즈 다카시 白水隆와 쿠로키 히로시 黑木浩 박사는 말하고 있다. 모기에서 나비가 갈라져 나와 주간에 활동하는 곤충이 되었다.

　모시목 털날개목에 날도래 _Eubasilissa regina_ 가 그 대표적인 곤충이다. 날개에 가느다란 털이나 비늘을 달고 있고 뒷날개의 폭이 넓고 세로로 개켜지며, 앉을 때에는 날개를 세우는 것이 보통이다. 모기와 매우 비슷하다. 채집할 때에도 계속 헷갈려 모기인줄 알 때도 있다. 날도래의 유충은 물에 서식하며 잎이나 줄기, 나무토막, 작은 돌 등을 모아, 입에서 짜내는 비단실로 그것들을 한데 엮어 통 모양의 둥지를 만들어 그 안에 살고 있다. 날도래의 유충도 인시목 나비목의 유충과 비슷하다. 날도래의 성충은 모기와 매우 흡사한데 성충이 되고나서는 아무것도 먹지 않는다. 원래 저작용 씹어 먹는 용도의 입기관을 갖고 있었지만 퇴화되어 별 도움이 되지 않는다. 한편, 반날개모기라는 왜소한 모기는 저작용 입기관을 갖고 있다. 지금 생존하고 있는 모든 비늘날개목 중에서 저작입을 가진 유일한 과의 모기이다. 그래서 반날개모기는 비늘날개목에서조차 없는 것은 아닐까 하고 다른 목으로 분류하려는 학자들도 있을 정도다. 거기까지는 생각하지 않더라도 반날개모기과는 가장 원시적이라고 말한다. 원시적이라는 말은 선조에 가깝다는 말이다. 어쩌면 그 선조란 날도래가 아닐까?

반날개모기 중에는 큰 턱은 퇴화되어 씹는 데 도움도 되지 않고, 작은 턱이 긴 구문주둥이을 형성해 꿀이나 수액을 빨아먹는 방향으로 진화한 것이 있다. 이렇게 진화하는 쪽이 생존상 매우 유리하기 때문에 많은 모기들이 길고 둥글둥글 말린 입을 갖게 되었고, 그중에는 박각시처럼 10센티미터나 입을 뻗어 달맞이꽃에서 꿀을 빨아 먹을 수 있게 된 녀석도 있다. 하지만 '퇴화된다'는 것도 '진화'의 하나여서 독나방류는 흡수용 입이 없어졌고, 산누에나방은 입이 짧아졌다. 이것은 유충기에 충분히 잘 먹어서 성충이 되면 먹지 않고 번식행위에만 전념하려는 전략인 것이다.

모기는 이렇게 해서 먼저 밤의 세계를 정복했다. 어두운 세계라서 색채가 화려할 필요는 없고, 그렇게 경쾌하고 빠른 속도로 날 필요도 없어 몸이 두꺼운 것이다. 또한 밤이라 후각에 의존하게 되고, 코의 역할을 하는 더듬이는 채찍, 실, 날개털 등 여러 가지 모양으로 발달하였다. 그 사이 모기류 중에서 꼬리박각시 *Macroglossum stellatarum*, 흰띠알락나방 *Pidorus glaucopis*, 뿔나비나방 *Pterodecta felderi*, 복숭아유리나방 *Synanthedon hector* 등 저녁 해질녘부터 낮 동안에도 엄연히 날아다니는 녀석들이 나타났다.

그중 복숭아유리나방에 속하는 유리날개나방과는 모기치고는 더듬이가 가늘며 끝이 볼록한 곤봉 모양을 하고 있으며 나비에 가까운 것도 있었다. 더듬이의 끝이 굴곡이 있으며 팔랑나비처럼 된 녀석도 있었는데, 팔랑나비과라고 하면 나비치고는 몸이 두껍고 색채가 수수하며 모기와 가장 비슷한 것이다.

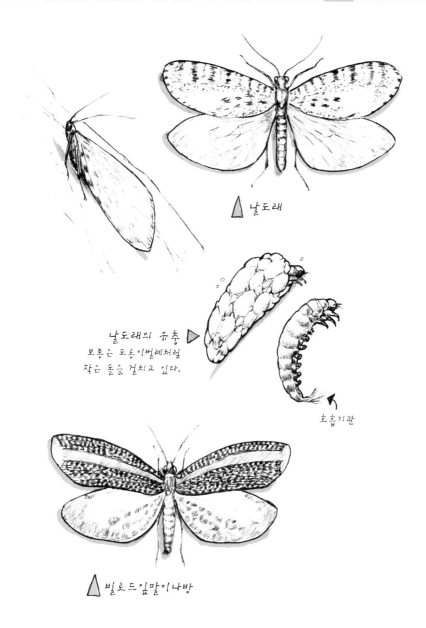

날도래

날도래의 유충 ▷
보통은 도롱이벌레처럼
작은 돌을 걸치고 있다.

호흡기관

빌로드잎말이나방

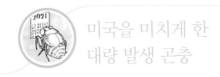

미국을 미치게 한
대량 발생 곤충

미국에서 17년매미_{소수매미}의 발생기는 다큐멘터리 영화 같은 데에서 보아도 발생 양상을 문장이나 입으로 모두 담아내기 어렵다. 나무에서 나무로, 매미들이 하늘을 덮고 휙휙 날아다닌다. 우는 소리는 정말로 무미건조해서 잡음이나 소음처럼 들린다. 화면에는 포도나무 울타리 아래를 양손으로 훑으면서 빠져나가는 한 남자가 비쳤다. "저것은 매미를 쫓아내고 있는 중입니다"라는 설명이 들어갔는데 보기에는 반대인 것 같았다. 남자가 매미에게 쫓기고 있는 장면으로밖에 보이지 않았던 것이다.

1953년에 17년매미의 대발생이 있었다. 그때 인디애나 주의 과수원에서 찍었다는 사진이 있다. 과수원 지상은 온통 매미 허물로 뒤덮여 있다. 그 2-3주 전에는 땅 속에서 나온 유충의 구멍으로 땅이 여기저기 푹푹 뚫렸고, 2-3주 후에는 성충의 사체로 뒤덮여버린 것이다. 암컷은 죽을 때까지 많은 식물의 어린 가지에 산란을 하는 바람에 피해 또한 막대하였다. 1953년의 17년매미 대발생에 대해 쓴 미국의 과학 작가는 "이들 매미 유충은 17년 후인 1970년에 나타날 것이다"라고 예견하고 있다. 1970년 일본의 신문을 보면 과연 "미국에 매미공해... 지루한 폭염이 한층 더 견디기 어렵게 만들었다..."는 등으로 보도되고 있다. 그러나 그것이 소리로 이름 높은 17년매미라는 것은 단 한 줄도 보도되지 않았다.

17년매미는 일본의 참매미처럼 유충기가 17년이나 된다. 17년이나 땅 속에서 나무뿌리로부터 수액을 빨아먹고 사는 것이다.

이렇게 유충기가 긴 매미도 참 드물다. 일본의 유지매미라면 6년을 땅

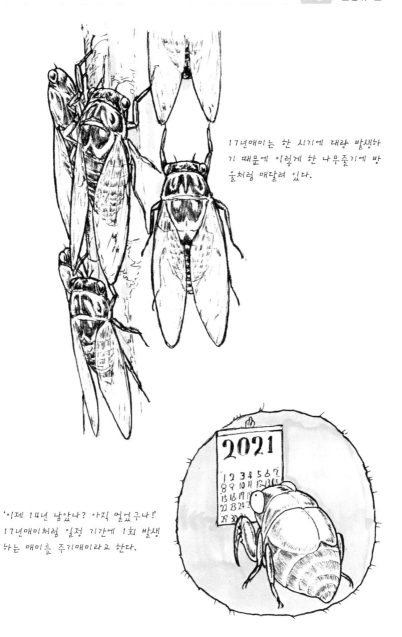

17년매미는 한 시기에 대량 발생하기 때문에 이렇게 한 나무줄기에 방울처럼 매달려 있다.

'이제 14년 남았나? 아직 멀었구나!' 17년매미처럼 일정 기간에 1회 발생하는 매미를 주기매미라고 한다.

속에서 보낸다. 17년매미의 계통은 20계통이나 되며 그밖에 13년 매미도 있다. 13년매미와 17년매미가 동시에 나타나는 해는 221년에 한번밖에 없다고 하는데, 이 미국의 과학 작가가 보고한 '1953년 계통'의 매미는 예고대로 1970년에 출현했다. 다음은 2004년에 출현한다. 그 다음에 나타나는 것은 2021년이다! 라는 식으로 확실하게 예고할 수 있는 것이다. 그 '매미의 해당연도'에는 반드시 미국 전역에 대공황이라든가, 전쟁이라든가, 다발적인 범죄가 일어나고 있는 것도 뭔가 분명 관계가 있지 않을까 생각된다.

만약 이런 주기매미가 일본에도 있어서 그것이 몇 종류나, 어떤 계통인가가 동시에 발생한다면 일본인들도 머리가 이상해지지 않을까? 라고 말한 사람도 있다. 나는 그렇게는 되지 않을 거라고 생각한다. 일본은 매미의 나라라 보통 누구나 알고 있는 매미만도 7-8종은 된다. 매미 소리도 정서적으로 받아들이지 소음이나 피해로 여기지는 않는다. 뭐, 털매미 *Platypleura kaempferi*, 말매미 *Cryptotympana facialis*, 애매미 *Meimuna opalifera* 가 한꺼번에 수십만 마리가 울어대는 곳에서 태연할 수 있을까는 의문이지만. 미국은 매미에 대해서는 야박한 나라다. 유럽인이 미국에 오면 시끄러운 매미 소리 때문에 미칠 것 같다고 한다. 유럽의 매미에 대해서는 파브르에게 물어보면 알 수 있다. 파브르는 프랑스산 매미를 5종 들고 있는데, 그중 3종은 매우 희귀하고 2종 만이 평범하다고 말하고 있다. 반면 유럽으로 여행을 갔던 내 친구는 햇볕이 쨍쨍 내리쬐는 한여름에도 매미가 울지 않아서 뭔지 모르게 허전했다고 한다.

하얀 설경 속을
가녀린 몸으로 나는 겨울나비는 정말 있을까?

일본시대소설 〈귀평범과장鬼平犯科帳〉에서 '겨울나비'라는 단어가 나온다.
시적인 표현으로 겨울나비는 동접凍蝶이라고 하는데 얼어붙을 정도로 춥
다는 것을 잘 비유한 듯 하다. 나는 동접이라는 것에 고개가 끄덕여지는 점
이 두 가지 있다.

하나는 소년시절 꼼꼼히 읽었던 곤충 책에서 겨울자나방 Alsophila sp 이라는
나방의 일종이 겨울이 되고서 나타난다는 이야기를 본 적이 있다. 또 하나
는 지금 살고 있는 우리 집에서 12월-1월경 밤에 창문에 붙어서 팔랑팔랑
날갯짓을 하고 있는 하얗고 조그만 나방을 매년 한두 마리는 보고 있는 것
이다.

그것을 처음 봤을 때는 '이것이 겨울자나방라는 것인가?' 하여 가슴이
벅찼지만, 아무래도 추운 것 같고 고독하고 불쌍한 생각이 들어서 잡지는
않았다.

날개를 다 펼쳐도 3센티미터가 될까 말까 하고, 앞날개는 회색, 뒷날개
는 회백색으로 엷고 약해보였다. 회색의 앞날개에는 세세한 검은 근육이
물결 모양으로 나 있었다. 도감에서 찾아보니 겨울물결자나방 Operophtera
brumata이었다. 평지 혹은 낮은 산지에서 12월에 성충이 발생해 불빛으로 모
여든다고 한다. 그밖에 겨울물결자나방보다 약간 빨리 11-12월에 걸쳐 출
현하는 중간띠가을물결자나방 Nothoporinia mediolineata , 연두가을물결자나방
Epirrita viridipurescens 2종도 있어, 그중 하나는 나도 창문가에서 보았던 것 같
다. 겨울물결자나방과는 매우 비슷한데 색이 조금 달랐으니 어쩌면 중간띠

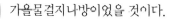

가을물결자나방이었을 것이다.

　어느 쪽이든 12월, 늦어도 다음해 1월정도 얼어붙을 것 같은 한겨울, 눈이 내리고 있던 밤에 보았다.

　정말 이들 자나방들이 겨울나비일 것이다. 반세기쯤 전까지 많은 사람들은 나비와 나방, 모기 같은 것은 구별하지 않았다.

　그럼 과연 이 나방들은 겨울밤 쓸쓸하게 살아가며 도대체 무엇을 먹고 살까 궁금한 사람도 있을지 모른다. 겨울이라도 조금씩은 있을 수액을 빨아먹고 살거나 아니면 그 짧은 성충기에는 아무것도 먹지 않는다고 대답하는 수밖에 없다. 겨울물결자나방의 유충, 그러니까 자벌레는 단풍나무나 벚꽃 그 밖의 잎을 먹는다고 알려져 있다. 작은 자벌레가 가을 끝자락이나 초겨울에도 보일 때가 있는 것은 그들이 겨울물결자나방의 유충인 것을 말하고 있을 것이다.

　겨울물결자나방의 암컷은 날개가 퇴화, 축소되어 날지 못한다. 겨울자나방의 암컷도 날개가 전혀 없다. 겨울자나방의 수컷이 초겨울에 모여 있을 때 그곳에는 분명 배추벌레 같이 생긴 암컷도 발견할 수 있다. 암컷은 날지 못하기 때문에 수컷 쪽에서 모인다. 이 기묘한 자웅이형은 도롱이나방 *Canephora asiatica*에도 있다. 도롱이나방의 유충이 도롱이벌레인데, 도롱이벌레는 수컷만이 날개가 있어 날고, 암컷은 날개도 다리도 생기지 않아 도롱이에 갇힌 채 나무에 매달려있다. 수컷은 암컷을 찾아와 교미하고 암컷은 도롱이 안에 수백 개의 알을 낳는다. 유충은 모충의 몸을 먹고 그 도롱이를 각각 나누어 작은 도롱이벌레가 되어 새 출발을 하는 것이다.

■ 겨울물결자나방

■ 겨울자나방의 암컷

겨울자나방의 암컷은 날개가 없어 날지 못하기 때문에 초겨울, 잎
위 등에 그냥 머물러 있다. 그리고 씨앗의 향기와 같은 성페로몬을
분비해 수컷들은 그것에 이끌려 교미한다.

찾아보기

아무도 모르는
동물들의 별난 이야기

지은이 • 사네요시 타츠오
감 수 • 신 숙
옮긴이 • 김은진
펴낸이 • 조승식
펴낸곳 • 도서출판 이치 ici SCIENCE
등록 • 제9-128호
주소 • 142-877 서울시 강북구 수유2동 258-20
www.bookshill.com
E-mail • bookswin@unitel.co.kr
전화 • 02-994-0583
팩스 • 02-994-0073

2009년 12월 26일 1판 1쇄 인쇄
2009년 12월 31일 1판 1쇄 발행

값 9,800원
ISBN 978-89-91215-65-8